有生之年值得一看的

世界绝美建筑

浙江摄影出版社

[日] 二阶幸惠 著 章绮雯 译

U0333452

目录

19 世纪

20 世纪

21 世纪

公元前 ——

🟦 爱尔兰

5000年前，建筑史从这里起步！

纽格莱奇墓

小档案 DATA
所在地　爱尔兰 / 米斯郡
设计者　不详
建　材　石板、草、石英石

纽格莱奇虽被冠以古墓之名，但也可能是祭祀场所或天文设施，它的实际用途尚不为人所知。在墓室被发现的人骨、曾被巨型石柱包围的石冢以及冬至清晨阳光射入的精确角度等，表明这里还藏着不少未解之谜。

这 座古代坟墓建造于5000多年前，甚至与常被称为世界最古老建筑的胡夫金字塔相比，还要早500多年。97块巨石围成了直径约80米的椭圆形石头墓。从入口穿过约19米长的甬道，就能到达十字形的墓室。只有冬至早晨的一小段时间里才会看到阳光照射在墓室地面上的景象，古墓入口上方凿开的天窗还是可开合的，这些无一不彰显出建造者身处史前时代却拥有的高超技艺。

为何建造得如此巨大？

胡夫金字塔

公元前

1 世纪

2 世纪

3 世纪

4 世纪

5 世纪

6 世纪

7 世纪

8 世纪

9 世纪

10 世纪

小档案 DATA
所在地　埃及／吉萨
设计者　海米昂（胡夫法老的兄弟）
建　材　石灰岩、花岗岩

据说，金字塔完工之初的样子与今日所见相去甚远。它的表面曾覆盖着洁白光滑的石灰岩装饰层。4500多年来，历经沙暴侵袭、盗墓破坏，如今残败的外表下，我们也许很难再想象金字塔曾经有过的壮丽辉煌。

　　金字塔是古埃及建筑的杰出代表，被誉为西方建筑的开山之作。胡夫金字塔是吉萨三大金字塔中规模最大、内部结构最复杂的一座。它由300万块石块堆砌而成，所有石块的总重量高达500万吨以上，堪称壮丽恢宏。不仅如此，金字塔的各边长均为230米，四边各自正对东、南、西、北四个方向，古埃及人民精湛的建筑技艺由此可见一斑。搭建金字塔所使用的石材越往顶部体积约小，底部一般采用边长1米以上的长方体石块，而到了顶部附近，石材的边长则缩减为40厘米左右。

🏳 埃及

崇奉太阳神的神庙建筑群

卡纳克神庙

柱厅深53米，宽102米，竖立着134根石柱。中间两列的12根巨型石柱直径超过3米，高20多米；其他石柱的高度也均在15米左右。石柱的顶部雕刻有花卉图案。

卡 纳克神庙的主殿是献给太阳神阿蒙的阿蒙大神殿。历代法老先后对神庙进行了多次扩建与修整，才造就了现今500米见方的巨大建筑群。卡纳克神庙的各部分沿着东西向、南北向两条轴线分布。东西向的主轴线上建有多重塔门，可以看见整齐排列着斯芬克斯像的神道，以及圆形石柱林立的柱厅。此外，作为副殿而建的卢克索神庙，其建造也采用了沿轴线分布的形式。

小档案 ＤＡＴＡ
所在地　埃及／卢克索
设计者　不详
建　材　石材

阿蒙大神殿的南面是供奉太阳神阿蒙妻子穆特(Mut)的神庙，而北面则是供奉首都底比斯主神蒙图(Monthu)的神庙。卡纳克神庙与卢克索神庙之间由斯芬克斯神道相连，这条神道通常只在进行宗教祭祀时才会使用。

阿蒙大神殿始建于古埃及的第十二王朝。在此基础上，第十八王朝的法老阿蒙霍特普一世与后世的法老们曾多次对其进行扩建和整修。仅是塔门，在东西中轴线上就有6座，而北边也建有4座。由于面向尼罗河的西侧为神殿正面，因此位于东西轴线上最西面的为第一塔门。这座塔门在所有塔门中建造时间最晚，修建工程从古埃及第二十二王朝一直持续到托勒密王朝时期，可惜一直未能完工。

埃及

女法老的女性特质得以一见

哈特谢普苏特女王陵墓

小档案 DATA
所在地　埃及／底比斯卫城最北端
设计者　赛门姆特（Senenmut）
建　材　石材

哈特谢普苏特女王是古埃及唯一的一位女法老，一直身着男装治理朝政。可是有传言在她的陵墓的斜坡上有水波流动，两侧种植有香气怡人的树木。这些设计或许是为了展现这位女法老的女性特质吧。

这座用于祭奉哈特谢普苏特女王的雄伟神殿，建于古埃及新王国时代之初。三层平台层叠而上，连接平台之间的两条斜坡凸显了纵向延伸的建筑中轴线。底层支撑大平台的石柱为没有任何装饰的简洁方柱，二层平台上使用的为有凹槽的圆柱，而进入神殿最深处，最神圣的圣殿中则采用了断面为16边形及32边形的多边柱。哈特谢普苏特女王墓葬于此，神殿依靠石山，背对着不远处的帝王谷。

埃及 🇪🇬

此处的 "方尖碑" 是最早的纪念碑

卢克索神庙

公元前

1 世纪

2 世纪

3 世纪

4 世纪

5 世纪

6 世纪

7 世纪

8 世纪

9 世纪

10 世纪

小档案 DATA
所在地　埃及／卢克索
援建者　阿蒙霍特普三世
建　材　石材

卢克索神庙的方尖碑原有两座。19世纪，埃及当时的统治者穆罕默德·阿里将其中的一座敬献给了法国国王路易·菲利普一世。时至今日，这座方尖碑还矗立在巴黎的协和广场上。

卢克索神庙位于尼罗河东岸、旧都底比斯所在地的中心位置。神庙的入口耸立着如同峭壁一般的塔门。门前还端坐着神庙建造者法老拉美西斯二世的雕像，旁边立有一座方尖碑。塔门后的神殿中，高柱及神像林立。象征着太阳神的方尖碑，由一整块花岗岩切割而成。它的顶部被打磨成四角锥形，表面装饰有古埃及的象形文字。

公元前 **1301** 年

🏳 埃及

精妙的设计照亮了神与王

阿布辛贝勒神庙

小档案 DATA
所在地　埃及 / 阿斯旺
设计者　不详
建　材　石材

如今的神庙看似镶嵌在整块岩石上，实则是在20世纪时迁移到当前位置的。由于当地兴建阿斯旺大坝，原址上的神庙很有可能被水淹没，因此专家团队及联合国教科文组织齐心协力，将神庙进行拆分后迁移至60米高的后山上，并将它完美再现。

作为世界文化遗产的阿布辛贝勒神庙，位于埃及和苏丹边境线附近，是在砂岩悬崖上直接凿建而成的。入口处四座气势磅礴的巨大雕像，均为建造者拉美西斯二世的坐像，而供奉的诸神雕像则被摆放在神庙内部。从正面走进神庙，大小多个柱厅层层深入，最里侧的神殿中安放的是以太阳神拉（Ra）为主体的三座古埃及神像，以及拉美西斯二世的雕像。神殿的设计异常精妙，每年2月和10月的其中一天，清晨的阳光会穿过神殿，照亮最深处的雕像。

伊拉克 🇮🇶

守护众生的蓝门

伊什塔尔城门

公元前

1世纪

2世纪

3世纪

4世纪

5世纪

6世纪

7世纪

8世纪

9世纪

10世纪

小档案 D A T A
所在地　伊拉克／巴比伦城
援建者　尼布甲尼撒二世
建　材　石材

　　如今矗立在原址上的伊什塔尔城门其实是个复制品。20世纪初，原城门上的彩色部分被德国考古学家发掘后运送回了国内，现今复原的部分已在柏林的博物馆中向世人展出。城门上装饰的浅浮雕为原牛及灵兽"怒蛇"。

（伊）什塔尔城门引人瞩目的藏蓝色高墙是由上釉的琉璃砖砌筑而成的。"伊什塔尔"原为丰收女神之名，她守护着美索不达米亚平原上欣欣向荣的新巴比伦王国。为了防范埃及等邻国入侵，国王下令围绕着首都巴比伦兴建了两重城墙，使巴比伦成为拥有8座城门的防御之城。伊什塔尔城门就是其中之一。它直接连通着城内的主干道，是守护城池入口的重要关隘。

🇬🇷 希腊

古希腊的至宝

帕特农神庙

小档案 DATA

所在地　希腊／雅典

设计者　伊克提诺斯、
　　　　卡利特瑞特、
　　　　菲狄亚斯

建　材　大理石

人如果在望向一排立柱时，往往会觉得边角的柱子看起来更细，并有向外侧倾斜的感觉。因此，帕特农神庙正面的一排圆柱中，最外侧的两根柱子设计得比其他圆柱略粗，且微微向内倾斜。这也是为了呈现出完美的观感而采用的一种视差矫正法。

　　帕特农神庙高高矗立在雅典卫城的山坡上，全部由白色大理石建成。设计者采用了"柱式"这一典型的神庙建筑结构，在台基上竖起圆柱来支撑顶部。在视觉上极度追求完美。神庙的正面和两侧各有8根与17根圆柱，它们看似笔直，实则在中间部位略有膨胀。这是因为，排列整齐的直线在人眼中往往会出现中部凹陷的错觉，因此立柱的设计便采用了这种被称为"卷杀"的视差矫正法，来消除人眼产生的错觉。

开凿于岩壁上的佛教庙宇

阿旃陀石窟

公元前

1 世纪

2 世纪

3 世纪

4 世纪

5 世纪

6 世纪

7 世纪

8 世纪

9 世纪

10 世纪

小档案 D A T A
所在地　印度／马哈拉施特拉邦
设计者　不详
建　材　砂岩

阿旃陀石窟的通道狭长，最深处的岩壁根据佛塔的形状被凿成了弧形。如今，世界各地的佛教国家均建有佛塔，塔的大小及外形各异。

"支提（Chaitya）"在梵语中是指释迦牟尼的舍利子等与佛祖相关的圣物。公元前1—2世纪左右，印度到处都在兴建石窟寺庙，其中供奉有佛祖圣物的石窟就被称作"支提窟"（阿旃陀石窟便是其中的一座，编辑注）。阿旃陀石窟均开凿在岩壁上，洞窟内排列着雕刻精美的石柱，深处则安放着供奉圣物的佛塔。石窟多为圆拱形，顶部还模仿木造结构雕刻出横梁的形状。

▶ 约旦

绝壁上的国王墓

佩特拉卡兹尼神殿

小档案 DATA
所在地 约旦／瓦迪穆萨
设计者 不详
建　材 砂岩

卡兹尼神殿的外立面宽30米，高43米，相当于15层楼的高度。电影《夺宝奇兵3》曾在此取景。在独特的粉色砂岩衬托下，卡兹尼神殿实在美得动人心魄。

穿　过两侧绝壁耸立、长1公里的山谷狭道，俗称"宝库"的卡兹尼神殿兀然惊现眼前。公元前1世纪左右，阿拉伯民族的纳巴泰人兴建的古都佩特拉成为沙漠中的贸易集散地，这座宫殿是当时他们作为国王陵墓而建的。纳巴泰人从岩壁中直接凿出了圆柱、横梁以及三角形博风板，其装饰风格深受古希腊建筑的影响。在阿拉伯与地中海之间往返运送绸缎及香料的商人们，顺道给佩特拉带来了不少异域文化。

意大利 🇮🇹

数千年前的风貌仿佛就在眼前！

古罗马遗址

公元前

1 世纪

2 世纪

3 世纪

4 世纪

5 世纪

6 世纪

7 世纪

8 世纪

9 世纪

10 世纪

小档案 DATA
所在地　意大利／罗马
设计者　哈德良大帝、其他
建　材　石材

坐落在罗马斗兽场不远处的小型拱门，外形同巴黎凯旋门如出一辙。毋庸置疑，这才是凯旋门的原型。由于当时的欧洲热衷于古罗马文化的复兴，因此这一造型便被借鉴用于纪念拿破仑的胜利凯旋。

这里曾是古罗马的政治、经济中心，如今连同诸多遗迹一起，依然占据着罗马市内最中心的位置。这里分布着神庙群、用于审判或商业交易的公众大会堂、能容纳小店铺或办事处的门廊等。这里既有保存较为完整的建筑，也有只剩下断壁残垣的各类遗迹。我们生活的大都市，原来在数千年前就已粗具雏形……放眼望去，此番盛景令人不禁再度感叹古罗马的伟大。

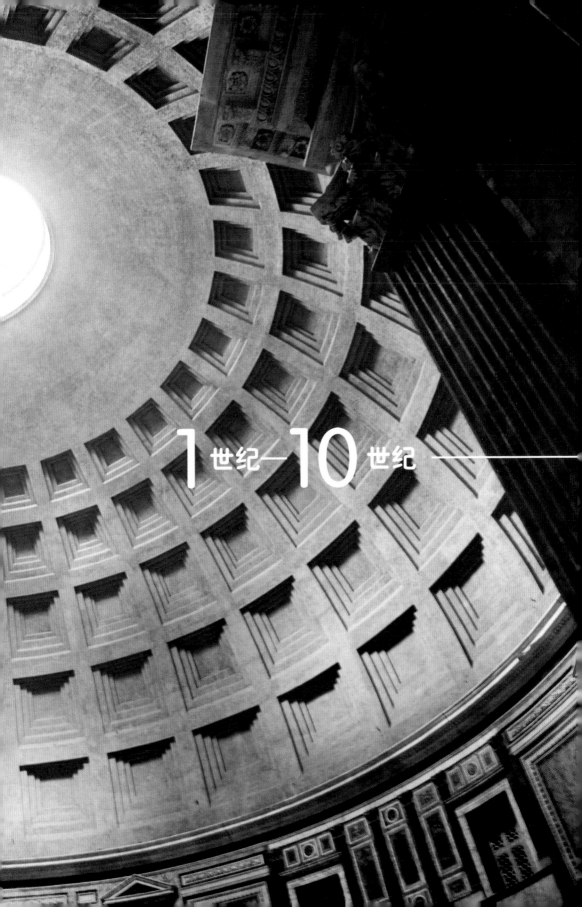

1世纪—10世纪

■ 意大利

古代竞技场竟由混凝土建造而成！

罗马斗兽场

小档案 **D.A.T.A**

所在地 意大利／罗马
设计者 不详
样　式 古罗马式
建材 大理石、砖块、混凝土

　　罗马斗兽场使用的三种柱式，其柱头装饰各有特征。第一层的多立克柱式简洁明快；第二层的爱奥尼柱式多用涡卷装饰；最上方的科林斯柱式则以繁复的莨苕(一种植物)样式雕刻而成。

这 个能同时容纳5万人的世界最大的竞技场，在古罗马人高超的建筑技巧及高效的管理下，耗时10年建造而成。罗马斗兽场气宇恢宏，呈椭圆形，长轴为188米，短轴为156米。建筑的材料除了从罗马近郊采集的一种叫作石灰华的凝灰岩外，还使用了当时的最新技术——世界上最早的混凝土。此外，建筑的地下5米处还配备了升降机等机械设备。罗马斗兽场将拱券与立柱相结合的外观设计，也成了之后西方建筑样式发展的基础。

意大利 🇮🇹

代表世界中心的巨大圆顶

万 神 殿

公元前

1世纪

2世纪

3世纪

4世纪

5世纪

6世纪

7世纪

8世纪

9世纪

10世纪

小档案 DATA

所在地	意大利 / 罗马
援建者	玛库斯·维普撒尼乌斯·阿格里帕
样 式	古罗马
建 材	玄武岩、混凝土、大理石

圆顶内方格状的混凝土内壁，越接近顶部的地方，厚度就越薄。这样的设计不仅令建筑整体更为稳固，同时内壁厚度逐步递减也能减轻建筑下部的负重，兼顾了观赏性与功能性，可谓一举两得。

万神殿是一座混凝土建筑，汇聚了公元1世纪罗马所拥有的最高建筑技艺。直径43米的混凝土穹顶，排列着大型方格的内壁一直延伸到顶部。穹顶最高处开有圆形天窗，外部的阳光照射进来，成为室内的光源，营造出庄严肃穆的氛围。万神殿仅在入口玄关处建有柱廊，内部则呈现出完美的半球形状，似乎象征着罗马即是世界的中心。

约 200 年

以罗马为原型的非洲古城

大莱波蒂斯遗址

小档案 DATA
所在地 利比亚／胡姆斯
援建者 塞普蒂米乌斯·塞维鲁
建 材 石材

与新型建材一同出现的，还有从事建造及装饰工作的能工巧匠们。广场上精美的浮雕、壁柱上巧夺天工的雕刻均是大莱波蒂斯古城的精华所在，而这些都应该归功于手法细腻的安纳托利亚（也称小亚细亚）工匠们。

曾为罗马帝国领土的各处古城遗迹中，以建造精美闻名于世的当属北非的大莱波蒂斯遗址。这个港口城市最初是地中海贸易霸主、航海民族腓尼基人建立的古城。这里延续了帝国的古罗马建筑风格，长方形会堂、凯旋门、剧场等均由成排的立柱及拱券组合而成，这些建筑与广场一起构成了城市的形态。此外，从希腊、埃及、安纳托利亚（也称小亚细亚）等地区运来的大理石、花岗岩等各种新型建材也被运用到了城市建设中。

令君王流芳百世的纪念碑

君士坦丁凯旋门

公元前

1世纪

2世纪

3世纪

4世纪

5世纪

6世纪

7世纪

8世纪

9世纪

10世纪

小档案 DATA
所在地 意大利／罗马
援建者 君士坦丁大帝
建　材 石材

凯旋门上的浮雕可谓是君士坦丁大帝的"个人形象展示"。除了英勇凯旋的场景外，浮雕大多描绘了有利于宣扬君士坦丁大帝高尚人格的内容，如对战俘宽大处理、对诸神恭敬谦卑、统治之下国泰民安等。

这 座凯旋门矗立在阿庇亚大道通往罗马市内的重要位置上，它是歌颂战争胜利的纪念碑，也是城市中一道亮丽的风景。凯旋门上的雕塑及浮雕等生动再现了君士坦丁大帝的功绩，装饰华丽，引人瞩目。凯旋门的正面建有4根立柱，底部为战士雕刻，顶部有精美装饰。立柱看似刚挺大气，实际上并不承重，仅用于装饰而已。由此可见，结构与装饰各自独立也是古罗马建筑的设计理念之一。

🇮🇹 意大利

诞生于基督教危难之中的教堂

圣母大殿

小档案 DATA
所在地 意大利／罗马
设计者 不详
建材 石材

侧廊顶部的高度明显比中厅低矮许多。利用这一高度差，中厅上方两侧开了一排高窗用于采集自然光。把照射进来的天光聚集到一起，令信徒们对深处的圣地陡生敬畏。

最 早期的基督教由于受到罗马帝国的迫害，信徒们都暗中聚集到这个用途广泛的"巴西利卡"形式的建筑物中。之后，这里便逐渐发展成为巴西利卡式教堂。步入教堂后，最先映入眼帘的便是狭长的中厅。中厅顶部较高，两侧立柱成排，向里一直延伸到最深处设有祭坛的圣地。中厅的两边也即立柱的外侧被称为侧廊。作为世界四大巴西利卡式教堂之一的圣母大殿仍保留了那些特征。

> 藏于地下的石柱森林

伊斯坦布尔地下水宫殿

小档案 DATA
所在地　土耳其 / 伊斯坦布尔
设计者　不详
样　式　拜占庭式
建材　石材

古罗马时代的柱子多为科林斯柱式及多立克柱式，以拱券相连，支撑起整个地下空间。有几根立柱的顶部还装饰有希腊神话中蛇发女妖美杜莎的巨型头部雕像。

虽然因为石柱林立而被称为"宫殿"，但这里其实是个大型地下贮水池。公元6世纪，为了给当时拜占庭帝国的首都供水而兴建的这个大型水库，储水量可达10万吨。地下水宫殿内部长140米，宽70米，立柱高9米。多达336根大理石立柱均取自罗马时代的古建筑物，从各地被搬运至此。自拜占庭帝国被奥斯曼帝国征服后，这个地下贮水池渐渐被世人遗忘，只有当地人才知道它的存在，偶尔在此取水、钓鱼。一直到16世纪，这个地下水宫殿才再度被世人发现。

537年

悬浮的穹顶并非借助神力，而是帆拱之力

圣索菲亚大教堂

小档案 DATA

所在地 土耳其／伊斯坦布尔
设计者 特拉勒斯的安提莫斯、
　　　 米利都的伊西多尔
样　式 拜占庭式
建　材 砖块、石材、大理石

支撑着巨大穹顶的是被称作"帆拱"的三角曲面部分以及位于两侧的半球形拱顶。借助四个角上的帆拱之力，大圆顶的重量被均匀地分散开来，半球形拱顶则起到了辅助作用。

圣索菲亚大教堂是集拜占庭帝国建筑技艺之大成的最高杰作，其最大特色在于被4座宣礼塔环绕的巨大圆顶。如何将象征神之所在的圆形穹顶美观地安置在方正的建筑物上，是当时建造的一大难题。圣索菲亚大教堂的两位设计者不仅攻克了这一难关，还在圆顶上增设了一圈天窗，制造出"顶部无需任何支撑，就能借助神力悬浮于空中"的错觉，令人惊叹不已。

外观稳重质朴，内部耀眼夺目

圣维塔教堂

公元前

1 世纪

2 世纪

3 世纪

4 世纪

5 世纪

6 世纪

7 世纪

8 世纪

9 世纪

10 世纪

小档案 DATA
所在地　意大利／拉文纳
援建者　埃克尔修斯主教
样　式　拜占庭式
建材　大理石、石材

教堂所在地的拉文纳自古以来就以马赛克工艺而闻名。早期的拜占庭艺术佳作大多遭到了破坏，而这里却保存下了诸多5至6世纪马赛克镶嵌画的杰作。这些都是极其珍贵的历史见证。

圣维塔教堂的内部空间采用了日本寺庙等建筑中常见的八角形结构。砖砌的外观乍看起来有些低矮，但进入教堂后，高达30米的中殿营造出垂直感极强的空间。同时，周围的一圈侧廊紧紧包围住中殿，布局紧凑。教堂内部大量使用了从帝国的各个领地搜罗来的建材，以彩色大理石及玻璃马赛克为主的装饰色彩艳丽夺目。这也是拜占庭建筑的特点之一。

632 年

承载着全世界穆斯林信仰的黑色圣殿

麦加大清真寺（禁寺）

小档案 DATA

所在地　沙特阿拉伯／麦加
援建者　哈里发乌玛尔一世
样　式　伊斯兰早期
建　材　火山岩、大理石

克尔白圣殿为箱形建筑，深10.5米，宽12米，高15米。早前由于圣殿建造在阿拉伯人信奉的多神教祭神场所，因此周围立有很多神像。后来，先知穆罕默德拆除了这些神像，仅留下这座圣殿供世人参拜。

　　麦加大清真寺是伊斯兰教至高无上的圣地，也是全世界穆斯林（伊斯兰教徒）的朝觐中心。它由宣礼塔、中庭、回廊等各类建筑及空间组合而成。位于大清真寺最中心的朝觐对象，是黑色锦幔覆盖着的箱形房屋，被尊称为克尔白圣殿。圣殿周围设有大型回廊，朝觐者在此绕圈行进，朝圣祈福。全世界的清真寺及礼拜堂以箭头标注的麦加方向，都指向这座克尔白圣殿。

每20年换地新建的神社

伊势神宫

公元前

1 世纪

2 世纪

3 世纪

4 世纪

5 世纪

6 世纪

7 世纪

8 世纪

9 世纪

10 世纪

小档案 DATA
所在地　日本／伊势
设计者　不详
样　式　神明造
建　材　木材

神宫的高台之下埋着一根"心御柱"（即神殿中央的柱子）。此外，与伊势神宫同样历史悠久、以结缘闻名的出云大社内部也有这样粗壮的立柱。由此可见，日本自古以来就有信奉"柱为神之化身"的传统。

这座建筑的正式名为"神宫"，通常被称为伊势神宫。这里祭祀着天照大神，因履行"式年迁宫"（即每20年重建所有建筑）的制度而声名远播。每次重建耗时8年左右，轮流使用相邻的两块建筑土地。神宫中最主要的两大建筑内宫及外宫全以桧木打造，切妻造（中国称悬山顶）屋顶以茅草覆盖，立柱直接埋入土中。这种建筑样式被称为"神明造"，原型为弥生时代的高架式粮仓，同时也受到了佛教寺院建筑的影响。

约 **690** 年

巴勒斯坦 以色列

守护伊斯兰教圣岩的纪念馆

圆顶清真寺

小档案 DATA

所在地 耶路撒冷

援建者 哈里发阿卜杜勒-马利克·本·马尔万·本·哈卡姆

样 式 伊斯兰

建 材 石材、大理石、瓷砖、金箔

圆顶清真寺的主体建筑平面呈正八角形，圆顶内部的马赛克装饰又很容易让人联想到东罗马帝国的艺术文化。从这些建筑特征中不难发现，圆顶清真寺的建筑蓝本很有可能是同位于耶路撒冷的圣墓教堂。

耶路撒冷是仅次于麦加、麦地那的伊斯兰教第三大圣地，而圆顶清真寺就建造于此。建筑的上半部分覆盖着几何纹样的马赛克装饰，金色圆顶凌驾其上。这座清真寺建造在对伊斯兰教意义重大的"圣岩"之上。圣岩就被供奉在内部的正中央，周边围绕着16根立柱，立柱之上架有圆顶。伊斯兰建筑通常与清真寺（礼拜场所）紧密相连，但这里却不仅用作礼拜，而且是一座守护圣岩的纪念馆。

公元前

1 世纪

2 世纪

3 世纪

4 世纪

5 世纪

6 世纪

7 世纪

8 世纪

9 世纪

10 世纪

美洲虎象征着先王之力

蒂卡尔一号（大美洲虎）神庙

小档案 DATA

所在地　危地马拉 / 蒂卡尔

援建者　阿赫卡王

建　材　石材

蒂卡尔遗迹隐藏在层层密林之中，最中心位置保留着5座大型神庙。正对一号神庙（大美洲虎神庙）而建的是二号神庙。在两座神庙之间的空地上，还曾发现过刻有玛雅王形象的浮雕石板等古物。

蒂卡尔一号神庙位于玛雅文明古城蒂卡尔，金字塔形的神庙入口摆放着美洲虎雕像。美洲虎在玛雅文明中是力量的象征，将这种动物的雕像建造于此，意在唤醒祭祀于此的玛雅先王"美洲虎之爪一世（Jaguar Paw I）"的力量。石砌的神庙高约50米，陡坡上设有台阶，笔直通往台基最高处的祭祀场所。层叠而上的9层台基可能寓意着通往死后世界的道路。

众多佛塔汇成佛教的大千世界

婆罗浮屠

小档案 DATA

所在地　印度尼西亚／爪哇岛
设计者　不详
建　材　安山岩

在婆罗浮屠以东约1.8公里处发现了巴望寺（Pawon），在距离3公里左右的地方还发现了门杜寺（Mendut）。三座寺庙排列于一条直线上，被认为可能同属于一组寺庙群。

（发）现于爪哇岛中部的婆罗浮屠是世界最大的佛教遗迹。这座遗迹由切割的石块层层堆砌而成，方形的台基边长约120米，下六层为方形，上三层为圆形构造。最顶层的中央设有一座大佛塔，排列在圆形平台上的72座小佛塔将大佛塔团团围住。婆罗浮屠并没有内部空间，因此遗迹整体也可以看作一个巨型佛塔。这种构造不正代表着佛教宇宙观中的立体坛城吗？

> 海上的绝美修道院

圣米歇尔修道院

小档案 DATA
所在地 法国/圣马洛海湾
援建者 诺曼底公爵理查一世、其他
样　式 罗马式、哥特式
建　材 石材

公元708年的一个晚上，天使长向奥伯特(Aubert)主教发出的指引"建个圣堂吧，奉献给我"，翻开了圣米歇尔修道院历史的第一页。这座修道院既是英法百年战争时坚不可摧的要塞，也是法国革命时的监狱牢笼，可谓法国历史的最佳见证。

这　座修道院建在港口城市圣马洛的一个小岛上。公元708年初建时，它只是一个小礼拜堂；10世纪时成了本笃会的隐修院；到了11世纪已发展成为一座罗马式教堂。之后，扩建整修工程一直反复进行，直到13世纪左右，建筑整体才算完工。英法百年战争后，修道院再建时采用了新的哥特样式来修补战争中损毁的部分，再加上19世纪后期新建的尖塔，才成就了如今这复杂多样、壮丽华美的建筑群。

完全遵循皇帝旨意的北欧最古老大教堂

亚琛大教堂

查理大帝于800年即位后，令西罗马帝国再振雄风，也一直致力于复兴古罗马文化。皇家会客大厅就是很好的例证。这间大厅不仅在建筑样式上采用了古罗马风格，甚至在建造时还采用了古罗马的丈量标准。

亚琛大教堂建于805年，起初是作为法兰克王国查理大帝的行宫而建的，经过15世纪的扩建后才有了今日大教堂的风貌。行宫内原建有皇家会客大厅及宫廷礼拜堂，后者被保存了下来，成为现今大教堂的一部分。礼拜堂八角形的穹顶高15米，直径约31米，当时在阿尔卑斯山脉以北地区是建造规模最大的拱顶建筑。此后的数百年间，这座礼拜堂也一直都是西欧教堂的建筑典范。

公元前

1世纪

2世纪

3世纪

4世纪

5世纪

6世纪

7世纪

8世纪

9世纪

10世纪

小档案 ＤＡＴＡ
所在地 德国／亚琛
援建者 梅斯的奥多
样　式 拜占庭式、哥特式、其他
建　材 大理石、花岗岩、石灰岩、
砂岩

通常，教堂的东侧为神职人员专用区域（内殿）。之后，查理大帝还兴建了带有西侧结构的教堂，以富丽堂皇的西殿来彰显皇权。同时，他在西殿中增设了类似内殿的功能，以便在此举行罗马式大典。

（宫）廷礼拜堂的内部，十六边形的外层回廊将8根立柱构成的八边形中殿团团围住。抬头望去，每根立柱之间均以半圆相连，形成拱券。这一建筑结构被认为是参照了拜占庭帝国的圣维塔教堂，由此不难看出查理大帝效仿罗马的态度。到了15世纪前期，紧挨着礼拜堂又兴建了哥特式大教堂，相比之下，布满玻璃装饰的哥特式巨大空间一下就吸引住了人们的目光。

📷 印度

整面内壁布满台阶

月亮水井

小档案 DATA
所在地 印度／艾芭奈丽
设计者 不详
建材 石材

这座大型阶梯井高13层，共3500个台阶紧密排列。深井底部的气温比地面低5℃，对于身处酷热地带的当地人来说，这里不失为一个理想的避暑和社交场所。

在 印度西北部，层层下挖、一通到底的水井十分常见。这片土地上甚至还保存着深达数十米、设有之字形下行台阶的古老建筑物，让人不由联想到巨大的阶梯形蓄水池（称为阶梯井）。月亮水井位于斋普尔近郊，四方形的内部空间中，三面内壁全都布满台阶，其余一面内壁上的建筑仿佛是座地下宫殿。这一设施可能是皇家休息室，也可能是用于举行宗教典礼的圣殿。

伊斯兰国王的陵寝

萨曼皇陵

小档案 DATA
所在地 乌兹别克斯坦／布哈拉
设计者 不详
建 材 砖块

皇陵墙面除圆顶之外都采用了独具匠心的砖块堆砌方法，制造出了凹凸效果，在光影变幻中犹如手编的篮筐，十分引人注目。在彩色瓷砖等装饰材料还未普及之前，这样的设计可谓是砖块装饰的典范。

9世纪

10世纪

"萨"曼"代表兴起于中亚地区的古代伊斯兰王朝（萨曼王朝），"皇陵"即指皇家陵墓。在伊斯兰文化中，清真寺（礼拜场所）通常不与陵墓共存一地，因此君王们必须为自己单独建造皇陵。萨曼皇陵为箱形建筑，入口为拱门，上部建有圆顶。这些建筑特点使它看起来与崇拜火的琐罗亚斯德教（拜火教）建筑非常类似，因此萨曼皇陵也可以说是深受拜火教影响的伊斯兰建筑。

🇮🇳 印度

外壁装饰华丽的耆那教寺庙

帕斯瓦纳特寺

小档案 DATA
所在地　印度／中央邦
建　材　石材

建于中世纪的印度教或耆那教寺庙，在印度的南、北部造型迥异。这座耆那教寺庙属于印度北方样式，建筑上部排列着不少以神山冈仁波齐为原型的吊钟状"希诃罗"（尖塔）。南部样式的顶部则多为阶梯状设计。

⑩　一12世纪时，在印度中西部的克久拉霍地区兴建了许多外壁布满雕刻的寺庙。建造于西部和南部的为印度教寺庙，东部的则为耆那教寺庙。耆那教崇拜神山，因此寺庙的上部被设计为山形。耆那教寺庙的规模远不及印度教，连东部最大的帕斯瓦纳特寺也是如此。但若论外壁雕刻的精美程度与装饰密度，耆那教寺庙相比印度教则有过之而无不及，其中尤以性爱雕像最受好评。

公元前

1世纪

2世纪

3世纪

4世纪

5世纪

6世纪

7世纪

8世纪

9世纪

10世纪

红白色拱券交织而成的迷宫

科尔多瓦清真寺

小档案 **D A T A**

所在地　西班牙／科尔多瓦
援建者　阿卜杜·拉赫曼一世
建　材　石材、碧玉、
　　　　带状玛瑙、花岗岩

科尔多瓦清真寺最初建造在西哥特王国时期的教堂之上，用于指示麦加方向的圣龛被安置在建筑的南墙上。但实际上，麦加却在科尔多瓦的东南方向。这很有可能是因为清真寺利用了教堂的地基才出现了这样的误差。

后 倭马亚王朝是复兴于科尔多瓦的伊斯兰王朝，这座伊斯兰教礼拜堂（清真寺）就始建于这一时期。其建筑结构的特点在于：用红砖及白色石材交替砌成的上下双重拱券支撑起高挑的顶部，拱券下方则连接着圆柱，鳞次栉比的排列方式，令人感觉犹如置身于红白森林。在西班牙收复失地运动后，这座伊斯兰教礼拜堂先是被改建成了天主教教堂，到16世纪时，才变成清真寺与教堂和谐共存的稀有建筑。

11 世纪—14 世纪 ————

🇮🇷 伊朗

引领时代的清真寺

聚礼清真寺

小档案 DATA
所在地 伊朗／伊斯法罕
设计者 尼珊·阿穆鲁克
建 材 砖块、瓷砖

聚礼清真寺中，4座"伊万（拱顶大厅）"的装饰手法迥异，分别呈现出了不同的视觉效果。除了以蓝色等色彩明艳的马赛克瓷砖进行装饰外，设计师还采用了"穆克纳斯（一种空间结构）"等装饰手法，用灰泥制造出钟乳石般的凹凸效果，堪称伊斯兰装饰艺术的盛宴。

聚 礼清真寺是伊朗最古老的清真寺，始建至今历经了反复修缮，如实记录了公元6世纪到18世纪伊斯兰建筑的历史变迁。4座巨大的拱顶大厅"伊万"正面朝向被两层拱廊围绕的中庭而建，这种样式出现于12世纪，成为此后波斯风格清真寺的建造蓝本。礼拜室及大厅上方的拱顶设计各不相同，建筑整体与城中市集融为一体的设计也可谓是一大创新。

乌克兰 ▨

金顶蓝墙的华丽风格独具魅力

圣米迦勒金顶修道院

小档案 ＤＡＴＡ

所在地　乌克兰／基辅
援建者　斯维亚托波尔克二世
　　　　（伊贾斯拉夫一世之子）
样　式　巴洛克、拜占庭
建　材　木材、石灰石、砖块

修道院自建造之初起就未使用石材，而是在大理石及马赛克装饰过的木造教堂墙壁上涂抹了粉饰灰泥。这种做法始于12世纪末期，是一种用扁砖、石砾和浓稠灰泥覆盖教堂墙面的涂装方法。

修 道院始建于12世纪，原先只是一座木造小教堂。20世纪，在苏联高压下损毁严重的修道院在乌克兰独立之际得以修复，成为首都基辅河岸边一道亮丽的风景。修道院的名字来源于其光芒耀眼的金色圆顶群，再加上山墙上的圣人像壁画以及色彩斑斓的装饰等，无一不体现了乌克兰巴洛克样式的华丽风格。建筑的下半部分以蓝色涂装为主，棱角分明，白色壁柱上点缀着金黄色柱头，尽显巴洛克风情。

基督教与本土宗教共同孕育的龙头装饰教堂

博尔贡木板教堂

小档案 DATA
所在地 挪威／莱达尔
设计者 不详
建材 木材

博尔贡木板教堂的丰富装饰是本土宗教与基督教结合的产物。屋脊上精美绝伦的龙形雕刻装饰等，均有赖于维京时期发展到炉火纯青的雕刻技艺。

北欧建筑通常采用将木料横置后垒起的搭建方法，而木板教堂则采用了在岩石台基上竖起圆木为柱并架上横梁，同时将厚木板竖直嵌入台基中的建造方法。现存的木板教堂大多分布在挪威峡湾沿线，矗立于远离村庄的高地上，格外引人注目。其中保存最完好的当属博尔贡木板教堂。它建于12世纪后期，大约使用了2000块加工木材搭建而成。

山形的高塔代表"宇宙"

吴哥窟

小档案 DATA
所在地 柬埔寨／暹粒
援建者 苏利耶跋摩二世
建 材 砂岩、红土

在吴哥窟的北面，是吴哥王朝的旧都通王城。都城的中心区域被视为"圣域"，建有巴戎寺。巴戎寺中坐落着为数众多的巨型佛面塔，被誉为"高棉的微笑"。

吴 哥窟原是供奉印度教主神毗湿奴的石造寺庙，在吴哥王朝的国王苏利耶跋摩二世升天落葬之后成为神殿。由三层回廊围绕的寺庙中心建有佛殿群，代表在印度教中被认为是宇宙中心的须弥山。每边长为1公里左右的长方形护城河环绕着寺庙流淌。在主佛殿都正对着神圣东方的这片区域中，吴哥窟却坐东朝西，实属罕见。

📍 尼泊尔

佛 眼 注 视 下 的 祥 和 之 境

斯瓦扬布纳特寺

小档案 DATA

所在地　尼泊尔／加德满都
设计者　不详
建　材　砖块、灰泥

斯瓦扬布纳特寺虽贵为佛教圣地，但在尼泊尔，却不乏佛教与印度教和谐共存的独特风景。就如同此地，印度教寺庙与佛塔在同一座寺院中毗邻而建，到处弥漫着祥和、祈福的美妙氛围。

在 尼泊尔国内，斯瓦扬布纳特寺的重要地位不可动摇。大佛塔是该寺的象征，塔基上方建有半球形覆钵，覆钵上则为方形塔顶。这座佛塔保留了佛祖圆寂之地印度早期佛塔的建筑特点，而不同之处显然在于"眼睛"。大佛塔的塔顶四面均绘有佛颜，代表着佛祖栖身于此，以慈悲之眼注视着普世众生。这也是尼泊尔佛教观的一种体现。

全面展现当时先进技术的要塞

蒙特城堡

11 世纪

12 世纪

13 世纪

14 世纪

15 世纪

16 世纪

17 世纪

18 世纪

19 世纪

20 世纪

21 世纪

小档案 DATA
所在地 意大利 / 普利亚大区
援建者 腓特烈二世
建 材 石灰岩

蒙特城堡中并没有发现炮台、马厩、兵营等军事设施。关于它的用途众说纷纭，可能是用于居住的城堡，也可能是行宫、迎宾场所、狩猎时的休息地等，至今仍是个谜。

（神）圣罗马帝国皇帝腓特烈二世在位的13世纪左右，伊斯兰世界的文化、科学技术水平高度发展，已超越了欧洲。在腓特烈二世率领下的第6次十字军东征，不仅无血占领了圣地耶路撒冷，还一并带回了伊斯兰世界的科学技术。他回国后所建的蒙特城堡，从建筑平面来看，无论是城堡本身、中庭，还是各个角上的边塔，均呈正八角形。这一设计正是伊斯兰天文学中代表安定的"8"与建筑黄金比例的完美融合。

玻璃与穹顶造就的光影空间

圣礼拜堂

小档案 DATA

所在地　法国／巴黎
设计者　不详
样　式　哥特式
建　材　石材、彩色玻璃

圣礼拜堂是为了集中保存与耶稣受难相关的圣物而建造的。建筑三面围有花窗，绘有从创世纪直至耶稣复活的历史场景的画作1113幅；西侧的玫瑰花窗上则是带着荣光归来的耶稣画像。

哥特式教堂运用了尖拱、肋架拱顶、飞扶壁等结构样式，逐渐发展成为顶高壁少的建筑形式。如此一来，窗户的面积得以增大，而彩色玻璃又创造出了色彩绚丽的光影效果。圣礼拜堂可谓是世界上最美丽的光影空间之一。花窗高15米，总面积达613平方米，柱、梁、壁均由极细的石头构成，内部空间宛如一只玻璃宝箱。

建在断崖上的洞窟之城

悬崖宫殿

小档案 DATA

所在地　美国／蒙特苏马

设计者　不详

建　材　砂岩、木材

悬崖宫殿中的大部分房屋均为多层建筑。据考证，阿纳萨齐族人平时一般居住在上层，采光不良的下层则用作储藏食物用的仓库。

13 世纪左右，居住在北美洲大陆西部的美洲土著普韦布洛人出于防范外敌、抵御北风等目的，凿开陡峭的断崖，建成了岩洞住所。科罗拉多州残存着不少岩洞村落遗址，被统称为"梅萨维德"。其中，阿纳萨齐族人生活的悬崖宫殿规模最大。由日晒砖堆砌而成的村落中，大约建有150间房屋、20多所礼拜堂，却在14世纪初被荒废，至今原因未明。

11–13 世纪

■ 意大利

圣吉米那诺古城

小档案 DATA

所在地　意大利 / 圣吉米那诺
设计者　不详
样　式　罗马式、其他
建　材　石材

　　曾经塔楼林立的古城其实还有不少。不过，就好比佛罗伦萨，在从自治城市转变成共和国之际，不少高于市政厅及大教堂的塔楼被全部拆除。这也导致了现今只有小部分城市留有塔楼的情况。

　　因地制宜的建筑群逐步扩张，进而发展成为别具一格的古城，这样的例子在中世纪的欧洲并不罕见。圣吉米那诺也是其中之一。海拔超过300米的山坡上林立着不少塔状建筑物。原本是为了防御外敌而建的塔楼，之后演变成了贵族之间展示威严的竞争。古城最繁荣的13—14世纪左右，城中的塔楼总数约70座，甚至出现了超过50米的高塔。如今城内仍保留着十多座塔楼，巍峨耸立，直指天空。

为巴黎报时的双塔楼

巴黎圣母院

12世纪

13世纪

14世纪

15世纪

16世纪

17世纪

18世纪

19世纪

20世纪

21世纪

小档案 DATA
所在地　法国／巴黎
设计者　莫里斯·德·苏利
样　式　哥特式早期
建　材　石材、橡木

　　这座稳若磐石的教堂，其建筑结构实则是用橡木搭建起来的。一是因为当时法国城市建设的发展才刚起步，由于建筑材料不足，据说只能从全国各地收集所需的木材；再者，纤细轻巧的木材实际上也更适合搭建尖拱。

　　巴黎圣母院正面朝西，两侧矗立着高70米的塔楼。自大教堂还未全面完工起，塔楼里悬挂着的几口大钟就开始为巴黎报时了。正面的3座大门上雕刻着《圣经》中"最后的审判"等场景，直接面向广场而建，仿佛呼吁着民众走进教堂。一旦人们欣然而入，便会不禁感叹哥特式建筑独有的高顶及通过花窗射入的炫彩阳光，为这神圣空间的魅力所深深折服。

🇫🇷 法国

宏伟大气的哥特式教堂之王

亚眠大教堂

钟楼上回响的钟声为城市生活注入了特定的节奏。双塔屹立的亚眠大教堂正西面，不仅是城市的地标，也是吸引城市居民步入教堂的第一扇大门。为此，大教堂西面还相应地建造了广场。

哥 特式大教堂通常以西面作为建筑物的正面，主入口设在西侧立面上，入口两边建有成对的钟楼。亚眠圣母大教堂（亚眠大教堂）也不外乎如此，13世纪末的建筑外形已与现在相差无几。通常，为了在施工同时还能使用教堂，里侧的神职人员专用区域是最先开始建造的。不过，亚眠大教堂在建造时，或许是因为建筑资金相对宽裕，西正面也同步进行施工。

小档案 DATA
所在地　法国／亚眠
设计者　罗伯特·德·吕萨施
样　式　哥特式
建　材　石材

作为法国国内规模最大的大教堂，亚眠大教堂以其均衡的内部空间，被冠以"哥特式教堂之王"的美誉。而"哥特式教堂之后"则当属以优美华丽的正西面闻名于世的兰斯大教堂。

眠大教堂的中厅顶高42.3米，强烈的垂直感与明亮的内部空间是其一大魅力所在。虽然这里是法国哥特式大教堂中规模最大的建筑，但处理得极薄的墙面并不会令人感觉到石块的厚重，立柱与支撑顶部的拱券之间一气呵成，造就了如此气势磅礴、雄伟宏大的空间。亚眠大教堂与沙特尔大教堂、兰斯大教堂都为世界上最重要的哥特式大教堂，但其在空间表现上更胜一筹，这或许得益于建筑师出类拔萃的空间感吧。

英国

开创了装饰性肋架拱的先河

林肯大教堂

小档案 DATA
所在地 英国／林肯
设计者 不详
样　式 哥特式
建　材 石材、木材

就建筑风格而言，英国的哥特式可以分为盛饰式、垂直式2个阶段。林肯大教堂内部最深处的神职人员专用区域，就是13世纪中叶至14世纪后叶发展起来的盛饰式建筑风格的代表。

位于英国东部的林肯大教堂在14世纪建成时，带有尖顶的塔楼是当时世界最高的哥特式建筑。这一样式的建筑特征，在法国发展出了追求垂直方向上的高挑、庄严空间的构造，而在英国则衍生出了强调装饰性、日趋复杂化的肋架拱。林肯大教堂也不例外。沿着中厅一直向里走，被分割成几何形状的拱顶映入眼帘。相比结构上的合理性，教堂设计者似乎更追求视觉上的装饰性。

马里

由泥土、砖搭建的清真寺？！

杰内大清真寺

小档案 DATA
所在地 马里／杰内
援建者 考伊·孔博罗
建 材 日晒砖、木材、泥土

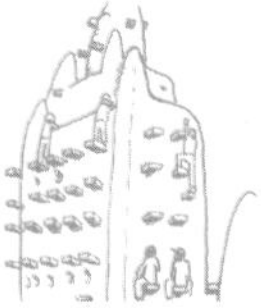

这座大清真寺在19世纪一度被摧毁。现在的建筑是按照当时的造型于1907年重建的。如今，杰内的居民每年会对大清真寺进行一次整修，以保持泥土外壁的平整。

杰内大清真寺也被称为“泥土清真寺”。其主要部分与杰内传统建筑相同，均是将日晒砖堆砌起来后，再覆以泥土建成。高高的台基据说是为了防止雨季洪水的侵袭。杰内古城是伊斯兰势力在西非扩张时的传播中心。在那之后，马里国王考伊·孔博罗（Koi Komboro）在13世纪后期皈依了伊斯兰教，拆毁宫殿后新建了这座巨大的“泥土”清真寺。

■ 意大利

倾 斜 并 非 设 计 时 刻 意 为 之 ！

比萨斜塔

小档案 DATA
所在地　意大利／比萨
设计者　那诺·皮萨诺
样　式　罗马式
建　材　石材、大理石、石灰

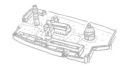

比萨斜塔所在的主教座堂广场上，还建有比萨大教堂、洗礼堂等，所有建筑的风格和谐统一。由于现在已很难再找到这样的建筑复合体，因此这个广场又被称为"奇迹广场"。

以　"比萨斜塔"这座闻名于世的钟楼，并不是刻意设计为倾斜式的，而是由于地基下沉造成塔身倾斜，耗时约200年才最终完工。比萨斜塔高55米，直径17米，塔身呈圆筒状，倾斜的角度至今仍在不断增加。这座建筑以大理石建造，塔身上不设开口，整齐排列、层叠而上的立柱群与拱券仅起装饰作用。它凭借着独特的外观和华丽的风格，被称为"比萨风格罗马式建筑"。这种设计可以说是表现了当时繁荣的自治城市比萨与地中海世界进行贸易往来的过程中引进的文化特征吧。

石桥与建筑合二为一！

维琪奥桥（老桥）

12世纪

13世纪

14世纪

16世纪

17世纪

18世纪

19世纪

20世纪

21世纪

小档案 DATA

所在地　意大利／佛罗伦萨
设计者　不详
样　式　本土风格、文艺复兴风格
建　材　石材、砖块

石板桥的两侧，如今多为珠宝饰品店。这里早前也曾有过鱼店、肉铺等，但从走廊通过的大公因为排斥异味，只允许金饰或宝石加工店在此经营。这一习俗延续至今。

从 罗马时代起就横跨河岸的这座古桥，最初是木造的。12世纪时，古桥被阿尔诺河的洪水冲毁，一座五拱石桥便取而代之。现在这座桥面上建有商铺的三拱石桥则建于14世纪。16世纪时，佛罗伦萨大公修建了一条总长1公里的空中走廊，以便从王宫通往办公场所，其中有一段正跨于桥的上方。这条通道被称为瓦萨利走廊，如今已成为乌菲兹美术馆的画廊。

🏛 西班牙

充满水元素的"红色"宫殿！

阿尔罕布拉宫

小档案 DATA

所在地　西班牙／格拉纳达
样　式　穆德哈尔式
建　材　石材、木材

在阿尔罕布拉宫中，与水有关的设计尤其展现了建造者高超的技艺。宫殿中有不少水渠、水池及喷水设计，每一个都构造精巧，能定时喷水且决不会溢出。

阿 尔罕布拉宫是中世纪欧洲伊斯兰文化长期兴盛的格拉纳达城的象征。在原来建有要塞的小山坡上，阿拉伯国王们建起了王宫，直至发展成为拥有清真寺、民居、学校等各类建筑的古城。阿尔罕布拉在阿拉伯语中意为"红色"，可能是指山坡上的红土，或是墙上涂抹的红泥。宫殿之中设置有许多精美的中庭、大厅、庭院及喷水池，完美地展现了当时伊斯兰国家的艺术文化。

阿尔罕布拉宫的装饰采用了各种建材及技术，如大理石柱、钟乳石塔、镶嵌工艺及彩色瓷砖等，几何花纹及阿拉伯书法也被大量运用。可以说，这里汇集了当时最高水平的伊斯兰艺术工艺。

11世纪

12世纪

13世纪

14世纪

15世纪

16世纪

17世纪

18世纪

19世纪

20世纪

21世纪

（宫）殿内部拱券林立，色彩缤纷的马赛克瓷砖及浮雕装饰精美细腻，营造出一片华丽的空间。其中，最引人注目的当属"狮子庭院"。大理石柱子上装饰着以"穆克纳斯（Muqarnas）"手法制造的钟乳石般的花纹，石柱围成拱廊环绕庭院，中央的喷水池下延伸出4条小水渠将整座庭院分割。这种将露天的中庭作为日常生活中心场所的设计，就是当时生活在伊比利亚半岛的穆斯林最典型的住宅样式。

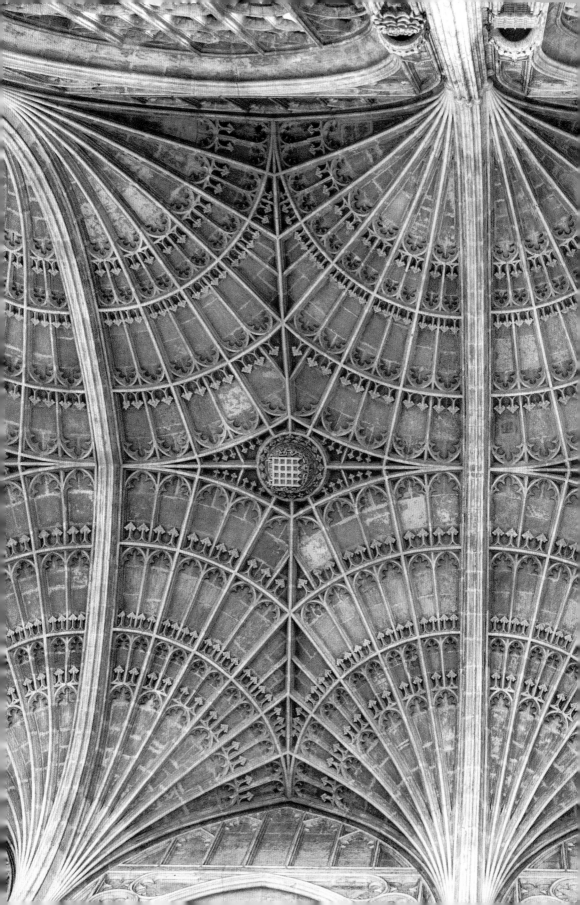

15世纪—16世纪

1406 _年

🇨🇳 中国

紫禁城

小档案 DATA	
所在地	中国／北京
设计者	蒯祥
建材	木材

紫禁城的建筑，其各部分尺寸及建造方法均严格按照建筑标准执行。这一做法的优点显然在于能令建材准备工作及实际施工流程更加合理。并且，对热衷于大兴土木、大量建造以宫殿为主的大规模建筑的清朝来说，标准化建造确实很有必要。

 紫禁城始建于明成祖永乐四年(1406)，之后历经了多次烧毁又重建的过程。现存建筑为清朝中期之后所建，目前的建筑布局及结构与建造当初并无二致。故宫被南北长约961米、东西宽753米的城墙所包围，宫内按照南、北划分为外朝及内廷两部分，有三个主要建筑物。这些建筑以正南天安门与正北景山的连线为中轴线，左右对称分布。紫禁城坐镇首都的正中心，整座城市建设也都以这条中轴线展开。

拜会十万佛祖的立体坛城！

万佛塔

11 世纪

12 世纪

13 世纪

14 世纪

15 世纪

16 世纪

17 世纪

18 世纪

19 世纪

20 世纪

21 世纪

小档案 DATA
所在地　中国／江孜县
援建者　绕丹贡桑帕
建　材　石材、木材、黏土

万佛即指"十万个佛像"。塔如其名，内部供奉着诸多佛像，但除了4间较大的佛殿之外，其余佛殿均狭小无窗。小佛殿中色彩鲜艳的佛教壁画与深处的佛像默然相对，是令人心无杂念的祈祷之地。

（装）饰有花纹的佛殿层层叠叠组成塔基，上部建有覆钵，再往上则是描绘着佛眼的方形塔顶。这座高约40米的万佛塔内，供奉着彩色佛像并绘有壁画的佛殿多达75间。佛塔从最底部直到金光闪闪的相轮处，整体沿着上升的螺旋曲线而建，寓意佛教教义中的立体坛城。从万佛塔的南侧入口进入塔身，沿着顺时针拾级而上，就会发现通过佛像的姿态或是壁画中的佛教教义，都能让人渐渐地进入一种高深的宗教境界。

🇮🇹 意大利

意大利哥特式建筑中绽放的白色之花！

黄金宫

小档案 DATA

所在地	意大利／威尼斯
设计者	乔瓦尼·邦、巴特鲁姆·邦
样 式	意大利哥特式
建 材	石材、大理石

黄金宫现在已经成了博物馆。陈列着雕塑及弗兰德斯绘画的博物馆内部东西风格交融，地板和墙面上铺满了色彩绚丽的马赛克瓷砖，立柱则以希腊风格的柱头作为装饰。

带　有花朵装饰的绝美白色拱廊建筑静静伫立，宛若漂浮于运河的水面上。黄金宫是代表意大利哥特式建筑的白色墙面住宅，在15世纪建成时原是贵族府邸。除了威尼斯住宅特有的面向外侧的连续拱券设计，也融入了伊斯兰及拜占庭式建筑的艺术特点，采用了细腻华丽的装饰。黄金宫内部建有中庭以及带室外楼梯的幽静庭院，这样的设计也是受到了伊斯兰文化的影响。

14－15 世纪

11 世纪
12 世纪
13 世纪
14 世纪
15 世纪
16 世纪
17 世纪
18 世纪
19 世纪
20 世纪
21 世纪

保加利亚

镶刻着保加利亚历史的修道院

里拉修道院

小档案	D A T A
所在地	保加利亚／里拉
设计者	不详
样 式	拜占庭式
建 材	石材

里拉修道院的建筑群，是由拥有5个圆顶的圣母大教堂以及设有300间僧房的建筑物所组成的。在被外国势力所统治的时代，这里一直珍藏着以国王捐赠为主的保加利亚语言及文化相关的文物。

里拉修道院历史悠久，其间历经了多次修整、改建及复原工程。这座位于里拉山脉溪谷之中的小修道院最初建于10世纪。14世纪时，当地领主费雷约·德拉格沃夫(Hrelja Dragovol)在现在的位置上进行了重建。之后，该建筑经历了统治该地的奥斯曼土耳其势力对其先后的破坏、焚毁等暴行，直到18、19世纪时的保加利亚复兴时期，当地富商给予了资金援助，并进行了大规模的扩建及修缮工程后，才成为今日保加利亚屈指可数的宗教建筑。

1446—1515 年

拥有华丽扇形顶部的哥特式教堂

国王学院礼拜堂

小档案 DATA

所在地　英国／剑桥
设计者　亨利六世
样　式　垂直哥特式
建　材　石灰岩、彩色玻璃

礼拜堂顶部高约24米，宽约12米；东西向纵深近100米。墙体被控制在最小尺度，窄窄高高的花窗紧密排列，将人们的视线引向上方。在高高的头顶上，壮丽的扇形拱顶尽情绽放。

在王室的庇护之下建起的这座宏伟的教堂，是英国哥特式建筑发展后期"垂直式"建筑的代表。礼拜堂的内部空间未做拆分，视野开阔；顶部则为英国哥特式独创的"扇形拱顶"设计。支撑天花板的拱顶前侧如同扇形般展开，形成细节丰富的装饰。伴随着从花窗中射入的阳光，仿佛天堂再现于人们的头顶之上。

彩色屋顶下的医院

博讷主宫医院

11 世纪

12 世纪

13 世纪

14 世纪

15 世纪

16 世纪

17 世纪

18 世纪

19 世纪

20 世纪

21 世纪

	小档案 DATA
所在地	法国／博讷
设计者	尼古拉·罗兰
样 式	火焰哥特式
建 材	砖块、木材

一直到1971年，这里都作为医院使用。这座木造建筑的拱顶高20米，架在宽15米、长52米的大病房上方。此外，这里还配备了礼拜堂及厨房等当时标准化的医院设施。

（15）世纪，身为勃艮第公爵的大法官为了救助那些受疾病困扰的穷人，在博讷城中心建造了这所慈善医院。色彩丰富的装饰性陡屋顶，是出现在中世纪末的"火焰哥特式"建筑特点。所谓"火焰哥特式"，是当时出现在法国及英国、以细腻华丽的装饰为特点的建筑样式。建造这座医院时，需要先将粘板岩上釉后烧制成有光泽的瓦片，然后再砌成装饰性的屋顶。

意大利

对古典艺术的敬意与对先进技术的信赖造就了巨型穹顶

圣母百花（花之圣母）大教堂

小档案 DATA
所在地　意大利 / 佛罗伦萨
设计者　菲利波·布鲁内列斯基
样　式　文艺复兴式
建　材　石材

菲利波·布鲁内列斯基以千百年前古罗马的拱顶建筑"万神殿"（P021）为设计灵感，研究出了新的建筑技法。他也因此被认为是文艺复兴时期能将古代历史与先进科学完美结合的最有代表性的人物。

圣母百花大教堂是佛罗伦萨的标志，也是文艺复兴时期的代表性建筑。宏伟壮丽的穹顶内径42米，高36米。虽然建造难度极高，但设计师布鲁内列斯基将穹顶的形状从半球形调整成更加坚固的卵球形，又采用了在骨架上覆以双层薄壳的新颖技法，完美地完成了穹顶的建造。建材方面，他在穹顶下部使用了石材，而到了顶部附近，则采用砖块替代，由此减轻了穹顶自身的重量。

将哥特式与文艺复兴式合二为一的教堂建筑

新圣母玛利亚教堂

12 世纪

13 世纪

14 世纪

15 世纪

16 世纪

17 世纪

18 世纪

19 世纪

20 世纪

21 世纪

小档案 DATA
所在地　意大利／佛罗伦萨
设计者　莱昂·巴蒂斯塔·阿尔伯蒂等
样　式　哥特式、文艺复兴式
建材　石材、砖块

采用了文艺复兴样式的教堂上半部是由阿尔伯蒂设计的，他在1452年著有《论建筑》一书。在这本著作当中，他提出，从音乐的音阶及和音中推导出的"比例"理论，也适用于决定建筑物大小的高、宽、深这三者之间的关系。

新圣母玛利亚教堂是天主教会之一的道明会的最大教堂，始建于13世纪，耗时200年，直到15世纪才建成完工。十字形交叉拱顶架在朴实的教堂中厅之上，属于鼎盛于13—14世纪的意大利哥特式建筑风格。教堂正立面的下半部分为哥特式，而建于15世纪后期的上半部分则呈现出文艺复兴风格。设计师在对整体比例进行考量后，将建筑立面分为两种风格的建造手法，以及采用涡卷花纹墙面隐去侧廊的做法，都是这座教堂的建筑特色所在。

1488 年

外墙绘满湿壁画的独特建筑

沃罗内茨修道院

小档案 DATA	
所在地	罗马尼亚 / 摩尔多瓦
设计者	不详
样 式	哥特式
建 材	石材

在壁画中被大量运用的蓝色被称为"沃罗内茨蓝",是摩尔多瓦艺术中独有的色彩。这种色彩的原料及配比都是个谜,即使在现代也无法复制。当时的画家们正是运用了这样的绝美之色,描绘出了充满人情味的宗教壁画。

修道院的整面外墙上都填满了色泽艳丽的湿壁画。大面积探出的屋檐以及两侧支撑建筑物的扶壁,都在长年的风雨中守护着这抹色彩。沃罗内茨修道院作为中世纪末摩尔多瓦公国的代表性建筑之一,是斯特凡大公为庆祝战争胜利而建的。其建筑特点在于纵向狭长简洁的内部空间,据说同样的教堂在各地建有将近40座。湿壁画则是在教堂建成后不久再描绘上去的。

各种样式积淀于这一空间

托莱多大教堂

11 世纪

12 世纪

13 世纪

14 世纪

15 世纪

16 世纪

17 世纪

18 世纪

19 世纪

20 世纪

21 世纪

小档案 DATA
所在地 西班牙／托莱多
设计者 马丁
样 式 哥特式、穆德哈尔式、其他
建 材 石材

　　在11世纪的收复失地运动之前，统治这片土地的伊斯兰文化在托莱多的建筑中留下了独特的设计风格，称为"穆德哈尔式"。托莱多大教堂中，拱廊上方的华丽装饰以及玫瑰花窗的几何图形设计都体现了这一建筑风格。

（托）莱多大教堂是托莱多的标志性建筑，也是西班牙天主教总教区的第一大教堂。内部空间宽敞，束起的细圆柱形成了设计感厚重的立柱，支撑起宏伟的中厅。由于这里从8世纪起的数百年间一直处于阿拉伯人的统治下，因此花窗等装饰中留有些许伊斯兰文化的痕迹。此外，祭坛后方布满了华丽的巴洛克风格雕刻，在此还能欣赏到画家埃尔·格列柯（El Greco）的画作。这座建筑决不能以哥特式一言蔽之，而是在经过历史的重重积淀后，持久地焕发着迷人的光彩。

■ 秘鲁

谜一样的天空之城尽显高超的建筑技艺

马丘比丘

小档案 DATA
所在地　秘鲁／乌鲁班巴
设计者　不详
建材　石材

印加文明中没有关于车轮或滑轮的记载。为了建造这座天空之城，大量的石材需要被搬运至陡峭的悬崖之上。也就是说，这些几乎都是由印加人徒手搬运的。不难想象，这项工程需要何等大规模的劳动力！

这座遗留在海拔2280米山顶上的天空之城，是由逃离西班牙侵略的印加帝国皇帝所建造的。地势高低起伏的城市总面积5万平方米，被划分为居住区与农耕区。关于居民人数说法不一，下至1000人、上至2万人不等。但城市的建造目的等种种谜题，至今仍未解开。居住区中建有诸多神殿、石门、仪式广场及住所，农耕区梯田遍布。城中的建筑物基本都以石块精密堆砌而成，以何种高超的技术能自如地搬运巨石，也是一大未解之谜。

居住区的地势起伏较大，因此建筑也呈阶梯状分布。按照神职人员、贵族、技能者、庶民的顺序，身份越高，居住地也就越高。在以三角形茅草屋顶覆盖的住所中，有窗楣的窗户是建在山墙上的。

印　加文明的建筑技术之高超举世闻名，曾被赞美为"石墙中连一把剃须刀片都无法插入"。马丘比丘也不例外。严丝合缝的石造建筑自不必说，城中还建有石阶通道、为引入水源切割石块或木头搭成的水渠等，城市规划既讲究又能与周围的自然环境相互融合。可在16世纪初，当地的人们却遗弃了这座天空之城，不知去往何处。这是马丘比丘留给世人的最大谜题。

■ 法国

高雅回廊中，画框比画作更醒目？

枫丹白露宫

小档案 DATA
所在地　法国／塞纳-马恩省
设计者　吉尔斯·勒·布雷顿
建 材　石材

亨利二世、亨利四世、路易十四等历代法国君主都曾在枫丹白露宫居住过，包括拿破仑，也都对建筑进行过新的扩建及装修。拿破仑大帝对这座宫殿情有独钟，进行了多处改装。据说如今宫殿的风貌绝大多数都出自他的手下。

枫丹白露宫为16世纪的法国国王弗朗索瓦一世所建，设计中融入了意大利的文艺复兴风格。于是，一个原本小小的中世纪城堡，华丽变身为拥有崭新大门、中庭以及豪华回廊的宫殿。在回廊上装饰着许多绘画作品，但真正的主角其实是"画框"。以粉饰灰泥塑造出的裸体雕像、花卉、火蜥蜴等浮雕将绘画包围在其中，而这些装饰浮雕本身就是高雅优美的佳作。这一形式在之后的一个多世纪里，都是欧洲最受欢迎的装饰手法。

仿佛从故事中而来，超凡脱俗的洁白尖顶

科罗缅斯克庄园的耶稣升天教堂

小档案　DATA
所在地　俄罗斯 / 莫斯科
设计者　不详
建　材　石材

科罗缅斯克庄园的耶稣升天教堂位于莫斯科南部科罗缅斯克的一处户外文化遗产博物馆中。这里除了保存有 16—19 世纪修建的修道院、高塔、宅邸宫殿等各类木造或石造建筑之外，还有 2500 年前铁器时代的遗迹。

耶稣升天教堂是俄罗斯最古老的石造教堂。尖塔形的多边屋顶开创了这一样式的先河，在 16—17 世纪的俄罗斯教堂建筑中被广泛采用。这里作为沙皇的夏季礼拜堂，对东欧诸国的建筑也产生了很大的影响。教堂的一层收藏着"护国圣母"画像的复制品，是信徒们的圣地。19 世纪，拿破仑大军入侵，这幅画像从莫斯科被转移并藏匿起来。之后，这幅画像于 1917 年在此被发现，遂被称为"奇迹画像"。

■ 法国

如烈焰般华丽的装饰

鲁昂司法宫

小档案 DATA

所在地　法国／鲁昂
设计者　不详
样　式　火焰哥特式
建　材　石材

"火焰式"，顾名思义，就是一种将形如火焰、曲线复杂的装饰作为图样，在窗棂及墙面上恣意铺开，直至包裹住整个建筑的装饰风格。可以说，火焰式完全不同于建筑构造与装饰风格彼此呼应的经典哥特式。

鲁昂从中世纪起就一直是法国的古都，也因为是圣女贞德的临终地而广为人知。鲁昂司法宫的建筑正立面繁复华丽，引人瞩目。15世纪时作为高等法院建在旧犹太人街区的这一市民建筑，之后又被作为诺曼底议会厅使用。司法宫建造当时为典型的哥特式建筑，到了16世纪进行扩建时，又加入了尖塔及装饰窗等，由此转变为哥特式晚期中以细腻华丽装饰见长的独特"火焰式"建筑。

令人一见难忘的彩色洋葱顶

圣瓦西里升天教堂

12 世纪

13 世纪

14 世纪

16 世纪

17 世纪

18 世纪

19 世纪

20 世纪

21 世纪

小档案 DATA
所在地　俄罗斯／莫斯科
设计者　波斯特尼克·雅科夫列夫
建　材　砖块、石灰岩

包括众星拱月的最高尖塔在内，建筑共设有9座塔楼，均为教堂。此外，建筑内部还建有两条回廊。一条围绕着中间的教堂；另一条则在外侧环绕，将其他所有教堂都连在了一起。

圣　瓦西里升天教堂坐落在红场，是莫斯科的标志性建筑。下令建造这座教堂的是将俄罗斯从邻国的统治下解放出来的沙皇伊凡四世（又称伊凡雷帝）。建在棱角分明的建筑物之上、曲线独特的洋葱顶被称为"战盔式穹顶"，是俄罗斯传统的建筑样式。此外，建筑中还加入了来自遥远罗马的护墙板等新式建筑元素。以圣地耶路撒冷为灵感构建的大小塔楼，对称分布在一个正方形平面上，这一设计参考的是文艺复兴建筑样式。

1569 年

■ 意大利

几何学与建筑比例的平衡之美

圆厅别墅

小档案 DATA

所在地　意大利／维琴察
设计者　安德烈·帕拉第奥
样　式　文艺复兴晚期
建　材　石材

别墅的内部空间以建有穹顶的圆厅为中心，正面朝向东、南、西、北，将四个角平均划分为四个部分。从中心位置来看，四间房间完全对称。这样的设计强调了建筑的向心性以及长度与高度等尺寸的量化平衡。

古到今的住宅建筑史中，圆厅别墅是最负盛名的宅邸之一。16世纪的意大利北部，从贵族中开始盛行农庄经营，因此郊外到处都在兴建这样的"宅邸"。圆厅别墅在平面上呈正方形。四面外墙也极尽简约，各自在中间位置建有如古代神殿般的柱廊作为玄关，起到了装饰的作用。这座建筑乍看之下虽然简单，但却是实现了几何学与建筑比例之间完美平衡的杰作。

西班牙 🏛

三 种 美 交 相 辉 映 的 中 庭 最 受 瞩 目

彼拉多官邸

小档案 D A T A

所在地　西班牙／塞维利亚

设计者　托尔特洛、
　　　　德·比索诺、
　　　　德·阿普利莱、
　　　　普利多兄弟

样　式　穆德哈尔式、
　　　　文艺复兴风格、
　　　　哥特式

建　材　砖块、大理石

　　穆德哈尔样式产生于阿拉伯人长久统治下的伊比利亚半岛。伊斯兰的设计及工艺擅长灵活运用玻璃、砖块、灰泥等塑造出精美的几何学纹样装饰，这种风格也影响了伊比利亚文化，从而升华为这种高明的建筑样式。

（建）　在塞维利亚市中心的这座官邸，网罗了哥特式、文艺复兴风格、穆德哈尔式三种建筑样式的罕见建筑。16世纪，当时还是公爵的恩里克斯·德·利贝拉去圣地耶路撒冷旅行时，顺道经过意大利，接触到了文艺复兴风格。回国后，他将这种风格融入了自己的宅邸中。中庭可以说是原有风格与新建筑样式融合得最为完美的空间。阳台栏杆为哥特式，大理石喷水池及立柱为文艺复兴风格，而装饰墙面则为穆德哈尔样式。

1560-1581 年

原来的办公厅，如今的世界级美术馆

乌菲兹美术馆

小档案 DATA
所在地　意大利 / 佛罗伦萨
设计者　乔尔乔·瓦萨里
建　材　石材、水泥涂料

所谓的凉廊，就是由立柱支撑顶部、一侧面向外部的开放式回廊。对于慕名而来欣赏乌菲兹美术馆中收藏的艺术佳作的人们来说，这处凉廊无疑是在河畔休息放松的绝佳场所。

乌菲兹意为"办公厅"。这座建筑原是统治佛罗伦萨的美第奇家族作为办公场所而建立的。两侧的石造3层建筑各长140米左右，将一个小巷般的细长广场夹在其中，整体形同发夹。站在被高大建筑物包围的狭长广场上向北面望去，才能明白设计师的意图不仅在于极强的纵深感，同时还凸显了出现在视线最前方的明亮广场及高塔。建筑面向亚诺河的南侧设有一条凉廊，两两一对的圆柱支撑起了高高的拱顶。

12 世纪

13 世纪

14 世纪

15 世纪

16 世纪

17 世纪

18 世纪

19 世纪

20 世纪

21 世纪

西班牙

倾注了西班牙国王心血的多功能建筑

埃斯科里亚尔圣洛伦索王家修道院

小档案 DATA

所在地　西班牙/马德里

设计者　胡安·包蒂斯塔·德·托雷多、
　　　　胡安·德·艾雷拉

样　式　文艺复兴风格

建　材　花岗岩

设计圣洛伦索王家修道院的是以胡安·德·艾雷拉为首的多位建筑师。他们以建筑比例为基础的设计被称为"艾雷拉样式"，是西班牙宫廷建筑文艺复兴样式的核心。

圣洛伦索王家修道院建在马德里近郊，因所在地名也被称为埃斯科里亚尔修道院。受腓力二世之命修建的这座修道院不仅是宫殿，还是拥有绘画馆、图书馆等多种功能的复合型建筑。四方形的整体建筑宽207米，深161米，建筑使用的花岗岩产自伊比利亚半岛中部的瓜达拉马山脉。风格简朴而清冷的建筑内部，在后期的波旁王朝时被加入了不少突兀的装饰元素。

威尼斯代表建筑师亲手设计的图书馆

圣马可图书馆

小档案 DATA
所在地　意大利／威尼斯
设计者　雅格布·圣索维诺、
　　　　文森佐·斯卡莫奇
样　式　文艺复兴盛期样式
建　材　石材

圣马可图书馆位于L字形的圣马可广场面海部分（小广场）的西侧，从前这片区域都是民宿及饮食店。广场的东侧则建有曾是威尼斯共和国总督府的公爵宫。

文 艺复兴风格的建筑，刚开始的初期只是纯粹追求古代建筑的样貌，后来逐步加入装饰性，发展为文艺复兴盛期的风格。16世纪活跃在佛罗伦萨的建筑师雅格布·圣索维诺也是创造出文艺复兴盛期壮丽建筑的其中一人。在他的代表作圣马可图书馆中，他运用了《建筑四书》作者帕拉第奥的设计手法——"帕拉第奥母题"，组合了多种立柱形式，创造出了华丽的建筑外观。

意大利 🇮🇹

屋顶与圆屋——对应才是原貌

特鲁洛石屋

11 世纪
12 世纪
13 世纪
14 世纪
15 世纪
16 世纪
17 世纪
18 世纪
19 世纪
20 世纪
21 世纪

小档案 DATA
所在地 意大利 / 阿尔贝罗贝洛
设计者 不详
样　式 本土风格
建　材 石材、石灰岩

位于普利亚大区阿尔贝罗贝洛的这些特鲁洛石屋，建造当初的原貌是"一个屋顶对应一间圆形石屋"。发展至今，此类建筑的主要样式已演变为在若干相连的四角形房屋上建造圆锥形房顶。

这 些外形可爱的石屋，最先是贫困的农民在农忙期搭建的临时住所。建造石屋所用的材料据说是当地开采资源丰富的石灰岩以及就地取材挖出的岩石。切割出的石材之间不用灰泥等黏合材料，仅靠向上堆砌，形成厚厚的墙壁。屋顶部分使用薄石片堆叠多层，以防雨水渗漏；缝隙处则用小石子填满。石屋的内部及外墙，最后均会用石灰岩做成的白色涂料加以修饰。

17 世纪—18 世纪

约 **1600** 年

◉ 日本

代表近代日本建筑的白色城郭

姬路城

小档案 DATA
所在地 日本／姬路
设计者 池田辉政
样　式 城郭
建　材 木材、灰泥、瓦片

姬路城的大天守阁建造在姬山之上高 14.85 米的石墙上。建筑整体高 31.5 米，两根中心柱子从地下 1 层贯穿至 6 层地面，以防建筑物产生晃动。中心柱子的底部直径为 0.95 米。

　　日本最早的高层建筑为安土城的天守阁。之后，天守阁从"望楼型"，即在入母屋造（歇山顶）形式的大型建筑上再搭建一座望楼，逐渐发展成为"层塔型"，也即如寺院的多层塔般自下而上为同一建筑。姬路城的大天守阁为望楼型后期的建筑，周围还建有 3 座小天守阁。在 3 层高的大型入母屋上建造 3 层高的望楼而组成的大天守阁，外墙以白泥涂抹，加上地下 1 层建筑，总高为 7 层。这座建筑是由关原合战后新任城主池田辉政所建造的。

1616 _年

土耳其 ☾

11世纪
12世纪
13世纪
14世纪
15世纪
16世纪
17世纪
18世纪
19世纪
20世纪
21世纪

蓝色空间令人迷醉的伊斯兰建筑

苏丹艾哈迈德清真寺

小档案 DATA

所在地　土耳其／伊斯坦布尔
设计者　赛德夫哈尔·穆罕默德阿加
样　式　伊斯兰式
建　材　石材

苏丹艾哈迈德清真寺为奥斯曼帝国的君主艾哈迈德一世所援建，礼拜堂的东北侧还附设了专供君主沐浴等用途的建筑。这之后兴建的土耳其各大主要清真寺也都建造了这样的设施。

苏丹艾哈迈德清真寺的内部以明艳的蓝色为主调，因此也被称为"蓝色清真寺"。建筑内部，超过2万片的伊兹尼克瓷砖一直铺到2层的窗户处，上部则绘满了壁画。这座清真寺距离圣索菲亚大教堂大约300米，礼拜堂并排建在可以瞭望马尔马拉海的高台上。礼拜堂内部空间范围约为53米高×50米宽，4根直径超过5米的圆柱支撑着直径为23.5米、高43米的主穹顶。此外，建筑上部还建有多个小型圆顶。

耸立于海拔3300米之上的空中宫殿

布达拉宫

小档案 DATA

所在地　中国／拉萨

援建者　松赞干布

建　材　木材、石材

布达拉宫的白宫高7层，红宫高9层。白宫中建有回廊环绕的中庭，跳神等宗教仪式即在此举行。红宫中最重要的建筑则是灵塔殿，用于祭祀与供奉从达赖喇嘛5世开始的各世达赖喇嘛法体。

布达拉宫位于拉萨市的中心，是藏传佛教的象征，其拥有两千个房间，是世界最大城寨式建筑群。布达拉宫分为两大部分，即历代宗教领袖居住及处理公务的白宫，以及设有佛殿与集会堂等宗教设施的红宫。台阶从山麓一直修建至山坡上，坡上建有大门、回廊以及广场。白、红、金三色装点出的布达拉宫高于地面117米，威严耸立，壮丽雄伟。

印度

赠予早逝皇妃的纯白之墓

泰姬陵

12 世纪

13 世纪

16 世纪

17 世纪

20 世纪

21 世纪

小档案 DATA
所在地 印度／阿格拉
援建者 沙贾汗
建 材 石材

泰姬陵的圆顶采用了双重壳构造。具体的做法是：先在建筑上部建造内层天花板顶，再以圆筒形结构架高，最后在顶部加盖外层穹顶。这样的设计使得泰姬陵无论从内部还是外观上看都显得美观而和谐，屋顶内的空心部分甚至比室内的面积更大。

泰姬陵是莫卧儿帝国的第五位皇帝沙贾汗下令建造的融合印度与波斯建筑风格之杰作。这里是皇妃慕塔芝·玛哈的陵墓，耗时20年才建成。穿过红砂岩所建的南侧大门，是一片南北总长超过500米的长方形土地。沿着中轴线对称分布的庭院及水道尽头，即是泰姬陵及4座尖塔。这座建筑使用的是产自斋普尔的白色大理石，圆顶直径为28米，高度达65米。

1656 年

柱廊及广场营造出的巴洛克舞台效果

圣伯多禄广场（贝尼尼）柱廊

小档案 DATA

所在地　梵蒂冈城国
设计者　吉安·洛伦佐·贝尼尼
样　式　巴洛克式
建　材　大理石

圣伯多禄大教堂顶部的大穹顶由米开朗基罗设计。后来扩建的侧廊及正立面等建筑部分，使得这个大穹顶在教堂前的小广场上很难被看见，而贝尼尼修建的圣伯多禄广场则解决了这一问题。

从16世纪末开始，在"将罗马建设为与天主教中心相符的城市"的思潮之下，罗马逐步变身为一座融合了绘画、雕刻及建筑、充满戏剧化风格的巴洛克城市。贝尼尼就是活跃于这一时期的建筑师代表。他主持设计的圣伯多禄广场气势恢宏，两侧建有4排共284根立柱组成的回廊。从圣彼得大教堂延伸而出的柱廊，似乎将集中在广场上的信徒们轻轻揽入怀中，营造出了信众与大教堂之间的整体感。

鸟儿都不曾飞来，紧贴于绝壁之上的佛教寺院

塔克桑（虎穴）寺

11 世纪

12 世纪

13 世纪

14 世纪

15 世纪

16 世纪

17 世纪

18 世纪

19 世纪

20 世纪

21 世纪

小档案 DATA
所在地　不丹／帕罗
设计者　不详
建材　木材、石材

1998年，烧毁的塔克桑寺得以重建，12栋建筑物紧贴于断崖绝壁之上，恢复了原来的风貌。由于此处地势险峻，建筑施工需要的建材等运输比原先更为困难，整个工程耗时6年才终于完工。

塔 克桑寺位于半山腰上，沿陡峭的山路向上攀登，需要攀高500多米方可到达。17世纪时，仗势凌人的第四位摄政王丹增热杰下令建造此寺。这座建筑白色外墙的主体部分由木材及石头建成，上部的屋顶以金色及彩色颜料涂刷装饰。传说，藏传佛教初祖咕汝仁波切（莲花生大师）曾骑于虎背之上飞来此地，并在一处山洞中冥想了3个月。这个洞窟也是塔克桑寺内最为神圣之地。

🏳 乌兹别克斯坦

蓝色都城的学校摄人心魄！

撒马尔罕伊斯兰学校

小档案 DATA
所在地　乌兹别克斯坦／撒马尔罕
设计者　不详
样　式　伊斯兰式
建　材　砖块、石材

"伊万"流行于12—16世纪的伊斯兰建筑中，常见一些煞费苦心的设计。与乌鲁格别克伊斯兰学校比邻而建的提拉卡里伊斯兰学校在进行后期的修复时，据说动用了多达3千克的金箔。

伊斯兰学校是被誉为"蓝色都城"的撒马尔罕的代表性建筑之一。"Madrasa"即为伊斯兰学校之意。在撒马尔罕的列吉斯坦广场上，坐落着3所美丽的学校。形如巨大拱门般的建筑物被称为"伊万"，由带圆顶的主体建筑与面向外部、如同身处檐下的半开放空间所组成。在最古老的乌鲁格别克伊斯兰学校中，建造"伊万"时使用了特别定制的曲线花纹瓷砖，采用以蓝色为主的多种色彩上釉烧制。

墨西哥 🇲🇽

墨西哥早期巴洛克建筑的代表

圣多明戈大教堂

小档案 DATA
所在地　墨西哥 / 普埃布拉
设计者　不详
样　式　拉丁美洲巴洛克式
建　材　石材

墨西哥教堂建筑穷极奢华之风
愈演愈烈，针对这一现象曾出现过
抵制运动。圣多明戈大教堂的外观
朴实无华，远不及内部装饰的奢侈
华丽，这或许就是这座大教堂能避
开管制的高明之处吧。

　　随着西班牙殖民势力的不断扩张，以传播基督教等为目的而修建的修道院和教堂在拉丁美洲遍地开花。17世纪时，墨西哥各教区的主要代表城市中，也陆续兴建了不少受西班牙巴洛克样式影响的宗教建筑。位于普埃布拉的圣多明戈大教堂就是其中之一。大教堂附属的罗萨里奥礼拜堂内部空间，皆是色彩斑斓的圣人像、镶有金箔的雕刻等，呈现出浓郁的巴洛克风格特征。

■ 葡萄牙

> 从外观无法预见的耀眼黄金世界

圣方济各堂（圣佛兰西斯科教堂）

小档案 DATA
所在地　葡萄牙 / 波尔图
设计者　不详
样　式　巴洛克式
建　材　石材

许多反映葡萄牙大航海时代的椰树、贝壳或漩涡等海洋图案也被加入了镀金木雕工艺的设计中。这被称为"若昂五世风格"，名称来源于当时借助入侵殖民地获得黄金从而掌权的专制君主之名。

从　这座教堂厚重的石造外观上看绝对无法想象，在它的内部竟然隐藏着一个如此富丽堂皇的世界。风靡整个欧洲大陆的巴洛克风格，在葡萄牙最常表现为"镀金木雕工艺（Talha dourada）"这一华丽的装饰手法。这种工艺的具体做法是：将当时葡萄牙的殖民地巴西出产的黄金大面积地覆盖在坚固的木雕上。目光所及之处，都是金光闪闪的植物藤蔓、花朵以及设计为弯曲立柱的所罗门柱等，异常光彩夺目。

伫立的身姿宛若跳跃的音符

基日岛的乡村教堂

11 世纪

12 世纪

13 世纪

14 世纪

15 世纪

16 世纪

17 世纪

18 世纪

19 世纪

20 世纪

21 世纪

小档案 DATA
所在地　俄罗斯／基日岛
设计者　不详
样　式　俄罗斯本土风格
建　材　木材

　　基日岛的乡村教堂在基地范围内还建有钟楼及另一座小教堂。这两座建筑特意被建造在与主建筑物构成三角形的两点上，是一种俄罗斯风格的空间构成手法。这样，无论从哪一角度望去，基日岛的乡村教堂均能呈现出最佳的视觉效果。

　　（基）日岛的乡村教堂是俄罗斯引以为傲的精美木造教堂，建造时正值彼得大帝北方征战胜利，国内呈现一派安定祥和的景象。建筑以松木及云杉木为材料，从平面上看由正对东南西北的四角形及八角形组成。多层的建筑主体错落有致，拥有大大小小共计22个圆顶。圆顶泛着银色的光泽，这是由于建造时采用了立体搭建方法，将白杨木材细心切割为木片，如鳞片般层叠铺在屋顶上的缘故。教堂内部的地面、顶部、房檐等也全部都用的是木材。

1746 年

漂浮在水上的白色宫殿曾是君王的夏宫

湖之宫殿

小档案 DATA
所在地　印度／乌代布尔
援建者　萨瓦伊·杰伊·辛格二世
建　材　大理石

　　湖之宫殿的建材为白色大理石，建造时正值伊斯兰王朝的莫卧儿帝国统治时期。连续的拱券设计、有精致蔓草花纹雕刻装饰的墙面及地面等，处处都能感受到浓郁的伊斯兰建筑风情。

　　长4公里、宽3公里的人造湖上，一座耀眼的白色建筑物漂浮于水面上。这座湖之宫殿是统治乌代布尔的君王建造的夏宫，因此整座小岛全被宫殿所覆盖。建筑内部还设有种满植物的中庭及水池，被拱券相连的半开放式回廊所环绕。湖上的微风从四面轻拂而来，令这里成为夏日理想的避暑胜地。现在的湖之宫殿已用作五星级豪华酒店，乘坐渡船可以到达，是乌代布尔的观光名胜之一。

叙利亚

时髦的黑白条纹令人着迷

阿萨德帕夏商队旅馆

小档案 DATA

所在地　叙利亚／大马士革
设计者　不详
样　式　伊斯兰式
建　材　石材

将中庭的正方形空间横竖各分为三部分，形成9个排列整齐的小空间，这在商队旅馆的设计中是前所未有的独创手法。中庭的中间设有一个大理石砌成的八角形喷水池，与城中集市相通的入口处则有彩色宝石装饰。

骑着骆驼或马往来经商的商人们投宿或做买卖的地方，被称为商队旅馆。阿萨德帕夏商队旅馆就坐落在奥斯曼帝国时期起就已成为政治、经济中心的绿洲城市大马士革的市中心。这里的一楼为商队进行交易的场所，二楼则是商人们住宿的房间，中庭上方覆盖着9个圆顶。支撑圆顶的帆拱以黑白两色石块砌成条纹状，顶部为"穆克纳斯（muqarnas）穹顶"，整体呈现出华丽的风格。

1754 年

精 确 计 算 光 影 效 果 的 祈 福 地

维斯教堂

小档案 DATA

所在地　德国／维斯

设计者　约翰·巴普蒂斯特·齐默尔曼与多米尼库斯·齐默尔曼兄弟

样　式　洛可可风格

建　材　石材

建筑的完成度极高，也是维斯教堂的特色之一。设计师约翰·巴普蒂斯特·齐默尔曼与多米尼库斯·齐默尔曼兄弟就是灰泥工匠，顶部的壁画则是由哥哥约翰完成的。他们的工作没有止步于建筑图纸，而是在建造现场也亲力亲为，才造就了这座忠于原作的建筑。

维斯教堂作为洛可可风格建筑的杰出代表而享有盛名，是世界各地前来祈福的信徒们朝圣之路的最后一站。走进教堂，两根纯白的立柱组成一对，将大厅围在中间。外侧的墙上开有竖长和圆形的窗户，能令光线从各个角度进入室内。为了让穹顶上的彩色壁画及金色装饰呈现出绝美的视觉效果，室内的光影经过了最精确的计算。大厅前方的左右两侧建有色彩鲜艳的大理石柱，再往里就是神职人员专用的内殿了。

多元化的室内装饰风格：涂金、彩色、中国风

俄罗斯 ▰

叶卡捷琳娜宫

小档案 D A T A

所在地　俄罗斯／普希金市
设计者　弗朗西斯科·巴特洛米奥·拉斯特雷利
样　式　俄罗斯巴洛克风格
建材　砖块、灰泥

豪华的宫殿之中，最著名的要数"琥珀屋"了。整间屋子从内墙到顶部全部由琥珀装饰，难得一见。据说这里有一部分是当时普鲁士国王威廉一世与彼得大帝会谈时赠予的礼物。

这 座恢宏壮丽的巴洛克风格宫殿诞生于沙皇统治时期。从叶卡捷琳娜一世起，这座宫殿在不断迎来新主人的同时，也历经了多次扩建与整修。从平面图看，设计简单，迎宾殿与餐厅呈一直线排列；但宫殿的正立面竟横向展开了300多米。之后，两侧又加建了拥有礼拜堂、贵宾房等设施的建筑。每个房间的室内装潢都极尽奢华，光彩照人的迎宾大殿大量采用了涂金与镜面装饰，而餐厅则以精致的木片拼花工艺地板配合经典的浮雕作为装饰。

1765 年

■ 德国

巴洛克之大气与女性之轻盈并存

茨维法尔滕修道院

小档案 DATA
所在地　德国／茨维法尔滕
设计者　约翰·米歇尔·费舍尔
样　式　巴洛克晚期、洛可可风格
建　材　石材

　　德国南部的巴洛克建筑设计中，经常出现与洛可样式的融合。同一空间里，既有波浪线、曲线、精美雕刻工艺等巴洛克样式的元素，又不乏以细腻的涂金装饰及墙面留白见长的洛可可风格。这就是令建筑空间既摄人心魄、又不失轻盈的奥妙所在。

　　巴洛克样式起源于意大利，经过法国、奥地利传播至德国，尤其在德国南部得到了一定的发展。这座修建于邻近瑞士边境度假胜地的茨维法尔滕修道院就是一个很好的例子。从大量曲线勾勒出的建筑正立面步入修道院，一片璀璨的世界出现在眼前。以白色及金色为主基调的空间里，带有豪华柱头装饰的壁柱林立，点缀着精美雕刻的顶部完全被巨大的湿壁画所填满，宏伟壮丽，让到访者为之惊叹。

德国 ▬

德国巴洛克的巅峰之作令人目眩神迷

维尔茨堡宫

小档案 DATA
所在地　德国／巴伐利亚州
设计者　巴尔塔扎·诺伊曼
样　式　巴洛克晚期、洛可可式
建　材　石材

"贝壳工艺"(ro-caille)是指采用贝壳、波浪或植物等形状的曲线制作灰泥浮雕，镀金后装饰于墙面或天花板上的一种手法，也是洛可可风格中最主要的装饰工艺。"洛可可"(Rococo)一词即由它演变而来。

绘　满湿壁画的穹顶、流畅的墙壁曲线、彩色大理石打磨的圆柱及方柱、细腻精美的装饰……这座位于德国南部最具代表性的巴洛克教堂，采用了窄长中厅加两边侧廊的传统平面设计。不过，由繁复的椭圆形穹顶交汇而成的空间构造，再加上细节丰富的装饰，使其被誉为德国巴洛克教堂的巅峰之作。中厅正中立有十四圣人像的主祭坛，以罕见的立体"贝壳工艺"(ro-caille)装饰而闻名于世。

🟦 法国

所有欧洲国王的向往之地

凡尔赛宫

小档案 DATA
所在地　法国／巴黎
设计者　路易斯·勒沃
样　式　洛可可风格
建材　石材

宫殿附带的庭院以建筑物的西轴线为中心而建，树木、水池、圆形方形组成的几何形状花坛等均规整有序地精心排列。这里作为园林建筑师安德烈·勒诺特尔的杰作而享有盛名。

凡尔赛宫的前身为一座小型的狩猎行宫。让砖块搭建的朴素宫殿焕然一新的，正是确立了法国君主专制的太阳王路易十四。他下令在父王所建旧殿的南北两侧分别加建左右对称的石造宫殿，以雄伟之势彰显皇权。于是，比意大利巴洛克建筑更显沉稳端庄、令全欧洲君主都心驰神往的宫殿建筑——凡尔赛宫诞生了。这种将原建筑用副楼合围起来的建筑手法也被称为围护方式。

当时，镜子可谓是最高级的奢侈品。而在这座镜厅中就使用了357面镜子。因此，这里不仅展现了当时法国国内玻璃工厂的技术和规模，也是向国内外展示法国波旁王朝经济繁荣的象征之地。

位于宫殿中心的"镜厅"，是全长73米、高13米、顶部装饰有54个水晶吊灯的大型回廊。镜厅的一侧是17扇巨大的拱形落地窗，隔着地板的另一侧则镶嵌着相同形状、大小的巨大镜面。每面镜子之间以镀金青铜柱头装饰的红色大理石壁柱加以分隔，抬头望去则是歌颂路易十四的天顶壁画。这里主要用作贵族及外国使节拜访的通道或等候处，富丽堂皇的风格对内对外均能彰显出君主之威望。

★ 缅甸

> 矗立于旧都仰光的金色佛塔

仰光大金寺（雪德宫大金塔）

小档案 DATA
所在地　缅甸／仰光
援建者　不详
建　材　砖块、黄金

仰光大金寺最初只是高9米左右的小佛塔，14世纪初修建时增高至18米，到1774年，已建成为与今日所见相差无几的高约120米的巨型佛塔。在边长43米的四方形塔基四边，还建有64座小佛塔。

在 缅甸语中，"pagoda"即是佛塔的意思。11—13世纪左右的蒲甘王朝是佛塔建造的巅峰期，这一期间共建成5000多座佛塔，如今蒲甘还保存有2000多座。缅甸佛塔的代表即是这座位于仰光、据说始建于公元前的仰光大金寺。这座供奉着佛祖头发的黄金大佛塔，最早在15世纪中叶由缅甸女王信修浮贴上了金箔，之后的几位国王及女王继续了这一善举。直至现在，大佛塔通过信徒捐赠仍定期进行修缮，依旧保持着往日的辉煌。

奥地利 ▭

优美典雅、令人沉醉的知识殿堂

阿德蒙特修道院图书馆

小档案 DATA
所在地　奥地利／阿德蒙特镇
设计者　约瑟夫·胡博
样　式　洛可可风格
建　材　石材

12 世纪

13 世纪

14

16 世纪

17 世纪

18 世纪

20 世纪

21 世纪

采用超过7000块大理石瓷砖铺就的图书馆地面，以白、红、灰三色描绘出了不可思议的几何花纹。根据观看角度的不同，可以分别呈现出之字形、正方体队列及立体阶梯形状。

（这）里是世界最大的修道院图书馆，整体散发着柔和的光辉。阅览室椭圆形的拱顶、曲线镶边，以及满目的雕刻群，完全展现出了当时奥地利盛行的巴洛克晚期样式的典型特点。此外，纯白的书架、细腻的镀金装饰、用成排窗户进行采光的明亮室内，则采用了刚开始流行的洛可可装饰风格，注重营造舒适的内部空间。从这里，阿德蒙特图书馆力争走在时代前端的先驱精神一览无余。

▬ 泰国

黄金与翡翠造就泰国最神圣的寺院

玉佛寺

小档案 DATA
所在地　泰国／曼谷
援建者　拉玛一世
建　材　木材、大理石、漆

正殿的北面还设有诸多佛教建筑，有砖上覆以金箔的佛祖舍利塔、藏经阁、描绘着泰国民间神话壁画的回廊等。细腻的雕刻，金箔装饰的雕像，每一处都无比华美绚丽。

玉佛寺坐落在大皇宫内，因供奉着翡翠雕刻的小佛像而得名，是泰国国内最神圣的寺院。安置玉佛的是砖块建造的正殿，以神鸟伽楼罗捕蛇的黄金雕刻作为泰式建筑中重要的封檐板装饰。此外，色彩艳丽的红蓝色悬山顶、金黄色的彩色玻璃、涂漆的墙面、大理石地面等，周围的一切设计都堪称富丽堂皇。

五层红顶与黄金装饰华美耀目

迈佛寺

小档案 DATA
所在地　老挝／琅勃拉邦
设计者　不详
样　式　琅勃拉邦风格
建　材　木材

直冲天际的尖顶层层相连，而屋顶最下端低得几乎要触碰到地面，这样的设计就来自琅勃拉邦风格的寺庙建筑。通常，建筑设有2—3层屋顶，而迈佛寺的屋顶共5层，这座寺庙的重要性由此可见一斑。

11世纪
12世纪
13世纪
14世纪
15世纪
16世纪
17世纪
18世纪
19世纪
20世纪
21世纪

在 亚洲的大河湄公河上，有一块突出的半岛，琅勃拉邦即在此展开了美丽的画卷。它兴起于14世纪，是老挝最早的王国都城，如今仍是亚洲屈指可数的佛教城市，可以称得上是老挝的佛教中心。城中寺庙众多，僧侣云集，成为这里独特的风景。迈佛寺是琅勃拉邦最大的寺院。红色屋顶与白色墙壁构成的大殿中，立柱群装饰华丽，门前则刻有释迦牟尼弘法场景的黄金浮雕。

🇲🇽 墨西哥

巴洛克升华为此地独有的绚烂华丽之风！

奥科特兰圣殿

小档案 DATA

所在地　墨西哥／特拉斯卡拉
设计者　不详
样　式　巴洛克式
建　材　石材

18世纪中叶的墨西哥盛行采用截面为倒梯形的方柱。这种设计属于"丘里格拉风格"，是一种起源于西班牙、以豪华装饰作为基本要素的巴洛克工艺风格。不过，这种过度的装饰很快就令人厌倦了，不到19世纪这股风潮就迅速退去。

在 墨西哥流行起来的巴洛克教堂建筑很快就与当地的建筑文化相互交融，逐渐形成了装饰绚烂华丽的独有巴洛克风格。奥科特兰圣殿礼拜堂的内部构造类似文艺复兴样式，秩序井然；而最深处的祭坛周围则布满了数量庞大、光彩夺目的贴金雕刻。祭坛内侧的小礼拜室只允许教堂建设的捐助者出入，这里的穹顶也几乎淹没在色彩缤纷的雕刻群中。

印度尼西亚 🏳

牛角的形状是民族的象征

西苏门答腊传统民居（大房子）

11 世纪

12 世纪

13 世纪

14 世纪

15 世纪

16 世纪

17 世纪

18 世纪

19 世纪

20 世纪

21 世纪

小档案 DATA
所在地　印度尼西亚／西苏门答腊省
设计者　不详
样　式　本土风格
建　材　木材

以前的大型民居通常在中央位置设有一个玄关，入口的地方有一大片公共区域，厨房也安置于此。但近年来，每家的房间完全独立开来，各自都设有入口。由此看来，这里似乎也进入了小家庭化的进程。

"米南加保族"的人生活在印度尼西亚的西苏门答腊地区，他们的传统民居以尖角屋顶为特色，设计灵感来自水牛的角。据说，很早以前爪哇国王进攻这里时，族人以水牛相斗并取得胜利，而这一民族传说就成了屋顶样式的起源。"Rumah Gadang"的意思为"大房子"，以母系亲属为主的多个家庭一同居住于此。由于每家的房间横向直线排列，因此屋顶也呈横向展开。

19 世纪

⊞ 英国

东西方各种建筑样式的融合体

皇家穹顶宫

小档案 DATA

所在地　英国／布莱顿
设计者　约翰·纳西
样　式　新古典主义
建　材　石材、钢铁、铜

皇家穹顶宫特色鲜明的外观及内饰令人目不暇接，但它其实还是一座引领时代的建筑，大量使用了当时最先进的钢铁等建材。中央的大圆顶以钢筋为梁，再用铁板铺就；极具装饰性的细柱也采用了铸铁材料。

在西方建筑样式中融入异域风格的建筑诞生于19世纪的欧洲。作为英国国王乔治四世宫殿的皇家穹顶宫，就是一座新古典主义建筑，是古典建筑样式受政治及宗教影响之后发展起来的。这座宫殿后来又经过了大规模的改建，不仅增加了五个印度风格的圆顶和上部饰有伊斯兰风格拱券的立柱群，还将宫殿内部风格改造成了刻有飞龙浮雕的中国风。这也许正是建造者独特"东方意识"的体现吧。

玻璃钢结构大温室令热带现于欧洲！

邱园棕榈室

小档案 DATA
所在地　英国／伦敦
设计者　德西莫斯・伯顿、
　　　　理查德・特纳
样　式　现代主义
建　材　玻璃、钢铁

建筑应当是艺术与技术的融合。可惜在当时，棕榈室被认为仅仅是工程师设计的功能性设施而非建筑。因为那个时代的认知还停留在只有建筑师设计的装饰华丽的房屋才能被称为"建筑"。

皇家植物园"邱园"的棕榈室整体由曲面构成，中央部分高高隆起，是世界上最大的植物温室。这间温室是为了将收集来用作研究及品种改良的热带植物栽培于高纬度的伦敦而建造的。为了让温室能够拥有足够宽敞的空间以容纳高大的椰子树，建筑整体以玻璃覆盖，仅采用钢结构作为支撑。比起当时还需使用木材的建造方法，这座建筑无疑跨出了新的一步，不愧为建筑师德西莫斯・伯顿及工程师理查德・特纳的心血之作。

右侧竖排：12世纪 13世纪 14世纪 15世纪 16世纪 17世纪 18世纪 **19世纪** 20世纪 21世纪

世界屈指可数的长厅中珍藏着数百万册典籍

都柏林大学圣三一学院图书馆

小档案 DATA

所在地　爱尔兰／都柏林

设计者　托马斯·帕福、托马斯·迪恩、
　　　　本杰明·伍德沃德

建　材　石材

建于18世纪上半叶的旧馆二楼曾是展示间。之后，由于图书馆作出了收藏英国及爱尔兰出版的所有书籍的决定，到19世纪中叶时，书架已接近饱和。约10年后，图书馆对天花板等进行了改建，在二楼也摆满书架，用作藏书区。

在图书馆的建筑历史中，建筑样式的变迁对图书馆本身的功能并无影响。主要的变化就在于：书架和阅览区的功能被逐渐分隔开来，好比曾与阅览桌连成一体的小型书架慢慢都升级为了专用的书架。都柏林大学圣三一学院图书馆的旧馆是一座近代图书馆，馆中密密麻麻地排满了柚木制成的大型专用书架。长度超过60米的长厅是世界最大的单空间图书馆，每年吸引着无数游客来访。

可爱的外表，坚固的内在

梅尼耶旧巧克力工厂

11 世纪

12 世纪

13 世纪

14 世纪

15 世纪

16 世纪

17 世纪

18 世纪

19 世纪

20 世纪

21 世纪

小档案 DATA
所在地　法国／诺瓦西耶
设计者　儒勒·索尼耶
样　式　早期新艺术风格
建　材　钢铁、砖块

在建筑主体结构的外侧用其他材料轻薄覆盖，制造"幕墙"的这一手法，在现代玻璃外墙的办公楼中也得到了沿用。此外，工厂外墙上的菱形花纹实际上就是钢筋，兼具装饰效果及支撑作用。

（别）以为这就是幢彩色瓷砖装饰的可爱砖楼，它其实是采用钢筋建造的。在工业革命中产量大增的钢材，只需为数不多的几根柱子就能支撑起大片空间，因此在车站及工厂的建造中大受欢迎。这座建于河流上方、利用水车动力来研磨可可豆的巧克力工厂也在建造中使用了大量钢材。整幢建筑物全部采用钢架结构，美丽的砖墙只是为了令外表更美观。外墙上，作为工厂主名字首字母的"M"也用彩色瓷砖进行了精心设计。

1865—1877 年

🇮🇹 意大利

玻璃钢结构营造出极具开放感的户外空间

艾曼纽二世拱廊

小档案 DATA
所在地 意大利／米兰
设计者 朱塞佩·门戈尼
样　式 现代主义
建　材 钢铁、玻璃

使用钢材的搭建速度比石材更快，能建造出仅有少量柱子支撑的大型空间。利用钢材的这些优势，新的车站、市场、展览设施等如雨后春笋般不断兴建。追求艺术性的建筑师与注重技术性的工程师并驾齐驱的时代自此拉开了帷幕。

在过去的建筑中，钢铁只是作为加固材料，而玻璃仅用于花窗装饰。工业革命的到来让建筑进入了一个新的世界。随着钢铁及玻璃的大量生产，建造更开放、更明亮的钢结构大型空间成了现实。19世纪时，不少城市均出现了带玻璃天顶的街道拱廊。其中，借用了来自英国的钢铁及玻璃，以意大利国王艾曼纽二世命名的当时世界最大拱廊在米兰亮相了。

《汤姆·索亚历险记》或许诞生于此

马克·吐温故居

小档案 DATA

所在地　美国／哈特福德
设计者　爱德华·塔克曼·波特
样　式　木条式
建　材　木材、砖块

房屋的外观混搭了木材与砖块，同样的，房间的内墙也使用了各种质地的材料，这也是木条式建筑的特色之一。此外，从房屋高耸的悬山式屋顶、尖尖的天窗也能够领略到哥特复兴运动给建筑设计带来的影响。

马克·吐温故居是大文豪与家人同住的地方，该房屋采用了19世纪后半叶流行于美洲的"木条式"建筑风格。这种风格的特点正如其名，无论是门廊的柱子还是房顶的椽子都使用纤细的木条，连阳台及悬山式屋顶的破风等也均以木条装饰。故居的内部装潢也很是讲究。卧室、儿童房、客房、会客厅等，每间房间的内墙均使用模绘板或壁纸创造出不同的纹样效果，并配置了不少亚洲及非洲的家具，极具异域风情。

■ 德国

满载国王浪漫主义的梦幻城堡

新天鹅堡

小档案 DATA

所在地	德国/霍恩施万高
设计者	克里斯蒂安·扬克、 爱德华多·里德尔
样 式	罗马式
建 材	石材、钢铁

除了新天鹅堡之外，路德维希二世还兴建了隐于深山的林德霍夫宫以及以凡尔赛宫为蓝本的海伦基姆湖宫。这两座宫殿的内部遍布细腻的镀金装饰，以巴洛克及洛可可风格呈现了国王梦中的世界。

ⓑ 伐利亚国王路德维希二世酷爱艺术文化，对作曲家瓦格纳崇拜有加，为了将心中憧憬的中世纪骑士精神及浪漫的爱情故事带入现实，下令兴建了这座新天鹅堡。城堡模仿了13世纪初的罗马式晚期建筑风格，设计了半圆形的拱门及小小的尖塔，仿佛让人回到了骑士时代。相比实用性，这座城堡的建造更像是为了圆一个梦，因此城堡的设计并未启用建筑师，而是交付给了宫廷舞台剧的舞美设计师、画家克里斯蒂安·扬克。

爱尔兰

小酌一杯，品味维多利亚时代的奢华

皇冠酒吧

11世纪

12世纪

13世纪

14世纪

15世纪

16世纪

17世纪

18世纪

19世纪

20世纪

21世纪

小档案 DATA

所在地　爱尔兰／贝尔法斯特
设计者　爱德华·伯恩、詹姆斯·伯恩
样　式　维多利亚式
建　材　砖块、大理石、瓷砖、钢铁、玻璃

色彩丰富、纹样多变的"维多利亚式"瓷砖从地面一直延伸到吧台，占据了酒吧的大半空间。这种瓷砖的独到之处正是在于由机器批量生产出的同花色产品，经过组合可拼接成大型图案，由此展现出别样的风情。

(18) 　19世纪的英国，哥特样式的建筑设计慢慢复苏，加上工业革命令玻璃和钢铁等建材逐步普及，华丽的"维多利亚风格"开始盛行起来。可以说，皇冠酒吧的内部装饰将这一风格的特点展现得淋漓尽致。一步入酒吧内部，鳞片花纹的陶土柱子、意大利手工艺人打造的木雕屏风、彩色玻璃隔开的包间、煤气灯映照下的精致雕刻天花板等，各处装饰令人目不暇接。

1888 年

华丽的维多利亚哥特式大型火车站现身印度！

贾特拉帕蒂·希瓦吉终点站

小档案 DATA
所在地　印度／孟买
设计者　弗雷德里克·威廉·史蒂文斯
样　式　维多利亚哥特式
建　材　石材

火车站的建造以维多利亚哥特式为基础，在设计中还融入了不少东方元素。圆形拱顶的设计就是一个很好的例证。此外，车站内部的拱券也多采用半圆形，而非代表哥特式的尖塔形。

孟　买的贾特拉帕蒂·希瓦吉终点站是营运距离超过6万公里的印度国家铁路大型终点站。这里是作为印度最早开通的孟买—塔那线（约33公里）起点站而建造的，当时还是铁路局总部的办公地。由于建造之际，印度是英国的殖民地，因此受到19世纪中叶哥特复兴运动的影响，建筑整体采用了当时英国非常流行的维多利亚哥特样式。

办公楼竟也有华丽装饰

担保大厦

小档案 DATA
所在地 美国 / 布法罗
设计者 路易斯·沙利文
样　式 学院派
建　材 钢铁、赤陶、玻璃

12世纪
13世纪
16世纪
17世纪
18世纪
19世纪
20世纪
21世纪

担保大厦的第一、二层采用了大型窗户，最顶层为圆窗，其他各层的窗户则纵向连成一个长拱形，在墙面上整齐排列。从这些向天空伸展的线条中，不难看出建筑师力求轻盈及垂直感的设计理念。

在美国近代建筑历史中，办公大楼占据了非常重要的位置。工业革命之后，钢结构大楼大量兴建，位于纽约州的担保大厦就是其中之一。大楼外墙面以雕刻中的几何纹样及植物图案为主题，整体布满了浮雕装饰。这种设计令建筑自身看起来更加轻盈，宛若自然垂下的一顶花纹帘帐，使得原本笨重的钢结构大楼产生了一种悬浮于地面上、不受重力影响的视错觉。

头顶"黄金白菜"的艺术家聚集地

分离派展览馆

小档案 DATA
所在地　奥地利／维也纳
设计者　约瑟夫·马里亚·欧尔布里希
样　式　新艺术风格
建　材　钢铁、石材

展览馆顶部的金色穹顶居于整座建筑的正中心，象征着艺术的"神圣"。穹顶的设计是由3000片月桂树叶及700个小果实组合而成，外墙上还装饰有植物图样的雕刻。

对19世纪末的维也纳艺术家而言，艺术家会馆是他们能展现自己的唯一场所。但是，当时十分保守的会馆将工艺美术及前卫艺术拒之门外，为了探索全新的综合艺术，以画家克里姆特为首的艺术家们组成了"维也纳分离派"。他们建立的分离派展览馆是建筑师欧尔布里希在克里姆特提供的草图基础上设计的。这座建筑的平面呈正方形，上部设计了一个金色镂空穹顶，也被大家称为"黄金白菜"。

花纹蔓延的维也纳知名公寓

马约里卡公寓

小档案 DATA

所在地	奥地利／维也纳
设计者	奥托·瓦格纳
样 式	新艺术风格
建 材	钢铁、马约里卡陶瓷

马约里卡公寓外墙上色彩艳丽的花纹，看起来既好像是墙面本身，又好像是后来添加上去的装饰。瓦格纳很有可能是利用这一表现形式来强调平面上的延展性吧。

11世纪
12世纪
13世纪
14世纪
15世纪
16世纪
17世纪
18世纪
19世纪
20世纪
21世纪

马约里卡公寓采用了文艺复兴时期意大利盛产的马约里卡陶瓷，以花草纹样装饰建筑的外立面。这栋坐落在维也纳河畔大道40号的大楼，以外墙作为画布恣意描绘，新艺术风格的装饰特点突出。建筑师奥托·瓦格纳以希腊、罗马时代的古典建筑样式为基础设计了整体构造，仅在外立面一处挑战独特的艺术表现形式。相邻的另一栋公寓大楼的外墙也仿照植物纹样加上了金色的装饰。

新艺术风格建筑师的多项杰作

维克多·霍塔设计的城市住宅

在霍塔设计的建筑中，新艺术风格主要体现在内部空间设计上，而外观通常较为简约。不过，他在索尔维公馆等建筑的装饰中则使用了曲面玻璃及钢铁材料，令外立面设计更为丰富多样。

维克多·霍塔是最早将新艺术风格构图引入房屋设计中的建筑师之一。在他的家乡比利时的城市中，门面狭窄、内部纵深型的住宅成排而建，室内光线不足，十分阴暗。作为解决办法，霍塔相继建造了一系列住宅，在建筑的中央位置设计了一间中空的楼梯间，从上侧采光，并采用和谐统一的装饰将此处升级为一个梦幻的空间。使之成了一座同时汇集了古典样式与新艺术风格建筑的城市。

小档案　DATA
所在地　比利时／布鲁塞尔
设计者　维克多·霍塔
样　式　新艺术风格
建　材　钢铁、石材、玻璃

中空的楼梯间不仅
用于采光，还是连接社
交区域与日常生活区域
的重要空间。霍塔在设
计及建造房屋时，不仅
会考量平面空间结构，
还将会将立体空间的连续
性作为设计基准。可以
说，他是最早把握这一
理念的建筑师之一。

　　维克多·霍塔作为"新艺术风格建筑师"的成名之作当属塔塞尔公馆。与沉稳的建筑外观截然相反的是，光线通透的楼梯间的扶手、门厅的柱子等在装饰时均加入了植物嫩芽及叶片元素；铁制的柱子及建筑构件等也均由柔和的曲线构成。此外，墙上、地面上描绘的蔓草纹样等也都凸显了新艺术风格的特征。沿着楼梯徐徐下行，在高于八角形门厅半层楼处，一片光线明亮的等候区令人豁然开朗。

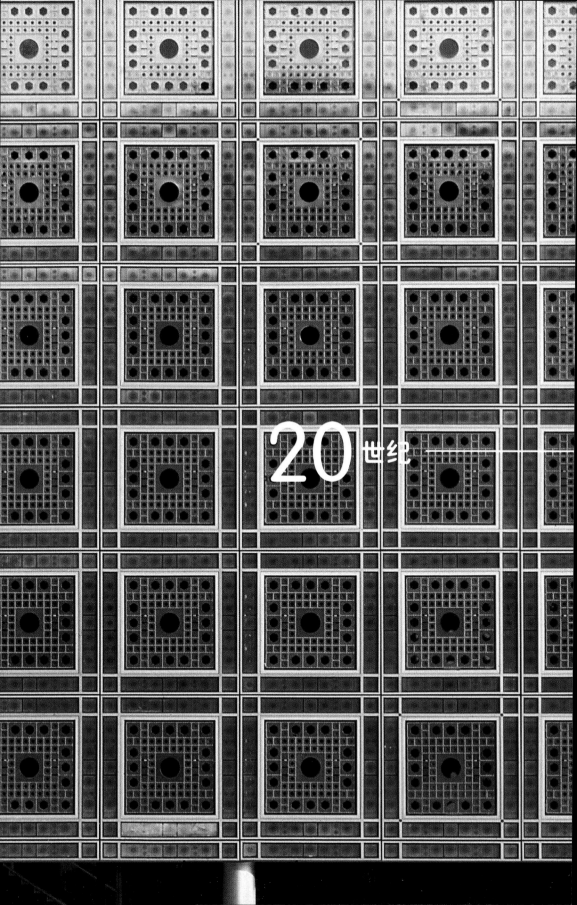

20世纪

🏛 西班牙

蜿蜒之形、绚丽之色，用建筑表现故乡的风景

奎尔公园

小档案 DATA
所在地　西班牙／巴塞罗那
设计者　安东尼·高迪
样　式　现代主义
建　材　石材、陶瓷

如蛇行般蜿蜒的长椅上贴满色彩斑斓的碎瓷片，在人为架高的广场边勾勒出灵动的曲线。对高迪而言，色彩和对比是赋予建筑生命的两大要素。长椅上的这些碎瓷片，则是对陶瓷工厂废料的再利用。

奎尔公园是高迪的杰作，人气经久不衰。从步道、广场、柱廊到办公区域和商店，整座公园都被色彩和曲线所包围，令人仿佛置身于童话世界。这种设计风格属于自由奔放的"加泰罗尼亚现代主义"建筑样式，起源于19世纪末的巴塞罗那。建筑师高迪根据这里的地形和风貌，利用建筑、雕刻及绘画再建了一个全新的空间。公园内的大部分石头构件，均取材于开发土地时采集到的石头。

柱厅中共有86根立柱，呈网状排列，支撑起了空中广场。其实，它们还兼具"雨水导流"功能。广场的地基为土、石所建，降水经由接合处流入柱内，最终汇聚到地下1200立方米的蓄水池中。

（正）对入口的主台阶以白色为基调，镶嵌着各色碎瓷片。喷泉点缀在弯曲延伸的台阶之间，吸引着游客们拾级而上。台阶的尽头是庄严肃穆的多立克柱式百柱厅，灰色人造石材包裹着混凝土铸成的多边形广场立柱，与色彩跳跃、石造构件线条丰富的公园形成了强烈的对比。林立的石柱仿佛让人回到了古希腊神殿，柱厅上方则是能够远眺地中海的空中广场。

约 **1902** 年

📷 西班牙

各界专家齐心打造的绝美房间

杰欧·莫雷拉（狮子与桑树）之家

小档案 DATA
所在地　西班牙／巴塞罗那
设计者　路易斯·多梅内克·蒙塔内尔
样　式　现代主义
建　材　灰泥、陶瓷、玻璃

　　与钢铁一样，玻璃对19世纪末建筑风格的急剧转变起到了至关重要的作用。建筑师将整面外墙处理成玻璃的设计，是为了表现在建筑中，起支撑作用的承重结构与不负责承重、以创造空间为主的墙壁是各自独立的。

　　杰欧·莫雷拉之家是由与高迪齐名的加泰罗尼亚现代主义建筑大师蒙塔内尔亲自设计的住宅。他不仅采用了伊斯兰风格装饰，令已有40年历史的建筑外观焕然一新，而且房间内部的改造更是令人惊艳。从雕刻、陶瓷到马赛克、家具，这里的室内装饰由巴塞罗那的艺术家及能工巧匠们齐心打造，色彩绚丽，造型精致，令人叹为观止。房间的地板采用了木条拼花工艺，整面弧形墙均为彩色花窗设计。

前来寄信，却不想如此璀璨？！

墨西哥中央邮局

小档案 DATA
所在地　墨西哥／墨西哥城
设计者　阿达莫·波阿里
样　式　银匠式
建　材　石灰岩、钢铁

建筑中富丽堂皇的装饰属于"银匠式"风格，诞生于15—16世纪的西班牙。这种风格是在意大利文艺复兴样式的基础上，融入了伊斯兰建筑风格及哥特式的主要元素，大量采用以植物纹样为主的细腻装饰。

　　墨西哥中央邮局位于墨西哥城的历史街区，被亲切地称为"Palacio Postal"（邮局宫殿）。由意大利建筑师设计的这座邮局为钢结构建筑，外墙使用产自墨西哥的石材搭建。一步入邮局，就仿佛走进了富丽堂皇的金色世界。楼梯的扶手和立柱的柱头均采用镀金青铜材料装饰，扶手上还镶有威尼斯玻璃，地面、墙面及粗壮的立柱均为大理石或同类精美石材。这座建筑在1996年进行了修复，目前仍作为邮局使用。

西班牙

極具冲击力的色彩和装饰，与建筑共谱和谐乐章

加泰罗尼亚音乐宫

小档案 DATA

所在地　西班牙／巴塞罗那
设计者　路易斯·多梅内克·蒙塔内尔
样　式　巴塞罗那现代主义
建　材　钢铁、玻璃

身处音乐宫的中庭，四周所见与演奏厅风格迥异。这里只有简约的直线型建筑，外加一整面的玻璃墙。阳光透过玻璃照进演奏厅，营造出一个梦幻的世界。从结构上来看，这里就好像一个"钢结构的玻璃箱"。

头　顶的漏斗形七彩天窗、动植物主题的华丽纹样及奢华雕刻、装点着吊灯的拱券……这里是被誉为巴塞罗那现代主义建筑杰作的音乐宫演奏厅，缤纷的色彩及丰富的装饰令人应接不暇。这里的大面积彩色化窗、彩色瓷片拼贴而成的精细马赛克画、绽放于各处的花形浮雕，在展现加泰罗尼亚地区独有的装饰文化的同时，又与建筑本身争奇斗艳，相得益彰。

阿拉伯民族入侵与十字军东征的历史创造了一种罕见的建筑样式"穆德哈尔式",将伊斯兰风格建筑与基督教建筑进行了完美融合。在巴塞罗那,这种华丽的设计风格与现代主义样式争奇斗艳,逐渐演变得愈加奢华。

与音乐宫内部一样令人印象深刻的还有建筑的外立面。褐色外墙上搭建的阳台及高塔形如伊斯兰风格建筑,圆柱上拼贴着蔓草纹样的彩色瓷砖,展现出独特的异域风情。从中世纪起便与阿拉伯世界紧密相连的加泰罗尼亚文化由此可见一斑。在巴塞罗那,加泰罗尼亚现代主义兴盛的同一时期,旨在光复民族历史的"加泰罗尼亚文艺复兴运动"也恰好兴起,这对于建筑的设计也产生了一定的影响。

11 世纪
12 世纪
13 世纪
14 世纪
15 世纪
16 世纪
17 世纪
18 世纪
19 世纪
20 世纪
21 世纪

乳白色玻璃营造出极具漂浮感的匀质空间

维也纳邮政储蓄银行

小档案 DATA

所在地　奥地利／维也纳

设计者　奥托・瓦格纳

样　式　现代主义

建　材　石材、钢铁、玻璃

营业大厅的拱顶由上方玻璃屋顶的横梁支撑，覆盖大厅的玻璃顶为双层构造。可在最初的方案中，建筑师设想只用极细的柱子吊起极薄的玻璃膜作为拱顶。倘若这一想法真能实现，那整个大厅都将会沐浴在阳光之中吧。

外观设计敦实厚重，内部装饰却极尽简约，这正是维也纳邮政储蓄银行的特色所在。营业大厅的上方是乳白色玻璃与纤细钢柱构建而成的拱顶，下方的地板上则镶嵌有大块玻璃。当光线从大厅的顶部透过地板照入地下时，这里宛若一个充满飘浮感的匀质空间。裸灯泡照明、铝制的暖气出风口，这些装饰在传达工业化印象的同时，也预示着不久之后的建筑风格走向。

安全至上的银行也不忘装饰

招商国民银行

小档案 DATA
所在地　美国／格林内尔
设计者　路易斯·沙利文
样　式　学院派
建　材　赤陶、砖块

拥有储蓄功能的银行必须具备坚固感，在此基础上还能不失精美的这座建筑，与外观可爱、却牢牢守护着贵重物品的宝箱如出一辙。"形式随从功能"是沙利文的名言。可见，"宝箱"这一昵称实至名归。

这座银行建筑被冠以"宝箱"的昵称，是整个小镇的骄傲。乍看之下虽然只是简朴、厚重的四方形砖块建筑，但银行正面的外墙上却设计了让人眼前一亮、精美华丽的带有几何图案的赤陶装饰，中心位置还镶嵌着玫瑰花窗。入口的两侧由两头长着翅膀的金狮守护，东侧的墙面上装饰着宽约12米、高约2.5米的大型花窗。建筑师沙利文在设计中一直着力研究办公楼与装饰之间的联动性，而这栋银行大楼不愧为他的杰作。

1918 年

在马札尔文化的包围中享受温泉

盖勒特浴场

小档案 DATA
所在地　匈牙利／布达佩斯
设计者　不详
样　式　新艺术风格、新巴洛克
建　材　石材、砖块、瓷砖、玻璃

匈牙利是拥有亚洲血统的马札尔人国家，在欧洲较为特殊。19 世纪末，随着马札尔传统文化复兴思潮的兴起，建筑的设计中还加入了不少民间艺术中常见的花鸟、动物等具象化元素。

（盖）勒特浴场被誉为匈牙利新艺术风格建筑最后的杰作。由于首都布达佩斯是世界知名的温泉之城，因此这里拥有不少温泉池，甚至还配套兴建了酒店，成为一大温泉度假胜地。盖勒特浴场的内部装饰采用了以动植物为主题的精美瓷砖及雕刻，加上曲线优美的墙面及栏杆，营造出一种梦幻的氛围。两两一对的立柱将温泉泳池围在中间，泳池顶部为开合式的玻璃天窗，通透明亮。

德国 ▰

造型自由、别致独特的观测设施

爱因斯坦塔

小档案 DATA
所在地 德国／波茨坦
设计者 埃瑞许·孟德尔松
样 式 表现主义、现代主义
建 材 砖块、混凝土

为了搭建由大量曲面组成的模板，建筑工程甚至启用了船工，但仍然困难重重。第一次世界大战后物资严重不足，因此建筑的大部分并未使用混凝土浇筑，而是叠砖砌墙后再以白色涂料粉饰。

11 世纪

12 世纪

13 世纪

14 世纪

15 世纪

16 世纪

17 世纪

18 世纪

19 世纪

20 世纪

21 世纪

将 人类内心所想反映到作品当中的"表现主义"，是20世纪初起源于德国的一种艺术思想。在这股思潮的影响下，建筑领域诞生了"雕塑形态"的建筑。爱因斯坦塔是为了验证相对论而建的，其窗户周边的凿刻设计，入口处的弧形墙面等，均是表现主义风格的展现。建筑利用了在搭建好的模板内浇注混凝土并固化的技术，能轻易塑造出极具动感的外形。

🟥 荷兰

> 造型纯粹的住宅，实则是精妙的机关屋？

施罗德住宅

小档案 DATA
所在地　荷兰／乌得勒支
设计者　赫里特·托马斯·里特费尔德
样　式　风格派
建　材　混凝土、钢铁、玻璃

建筑师利用各种巧妙的设计将住宅的1楼和2楼、室内与户外全方位地连通在了一起。比如，厨房与客厅间设有升降电梯；开放区域可用活动屏风自由分隔；甚至连房门都通过增加重物实现了半自动开关。

这栋建筑的特点为在单一色调的墙壁与地面中以红、黄、蓝三原色点缀。第一次世界大战后的荷兰，一群艺术家创建了"风格派"，旨在将设计、建筑、绘画等艺术领域中所有的造型都"简化为矩形和三原色"。这栋住宅正是这一思想的完美体现。建筑师将一切设计都彻底抽象化，意欲摆脱传统的建筑样式及思维，以创造一种普遍性。

德国 ▬

这 就 是 近 代 建 筑 ！ 昭 示 建 筑 新 动 向 的 造 型 设 计 学 校

包豪斯校舍

小档案 DATA

所在地 德国／德绍

设计者 瓦尔特·格罗皮乌斯

样 式 现代主义

建 材 钢铁、玻璃、砖块

底层架空的建筑彼此相连，各栋校舍不再孤立，纵横均能连成一体。此外，架空的底层还有几处可供通行。这一设计也被认为是能够满足之后城市功能需求的建筑风向标之一。

公 立包豪斯学校主要从事造型艺术与建筑相结合的设计教育，从创办地魏玛市搬迁至德绍之际，学校尝试着想将新建的校舍打造为现代主义建筑的风向标。校长瓦尔特·格罗皮乌斯等人预先设想了一系列设计方案，比如采用不加修饰的玻璃墙面、强调非对称性的立面设计，以及将底层架空的管理大楼与各校舍相连，等等。这座完全摒弃了古典建筑理论的校舍于1926年底竣工，成为近代建筑的先驱。

侧栏：11世纪 12世纪 13世纪 14世纪 15世纪 16世纪 17世纪 18世纪 19世纪 **20世纪** 21世纪

🏛 西班牙

构造、设计极尽心思，在建中的未完之杰作

圣家族大教堂

小档案 DATA
所在地 西班牙／巴塞罗那
设计者 安东尼奥·高迪
样　式 加泰罗尼亚现代主义
建　材 砂岩、花岗岩、瓷砖

形如细长玉米的钟塔，以立体的抛物线作为外部线条，内部为中空构造。这种设计的原理类似哥特式，无需借助扶壁的支撑就能建造既高耸又坚固的建筑。这也正是高迪多年研究的课题。

将 圣家族大教堂誉为世界上屈指可数的知名建筑也毫不为过。它是一座巴西利卡式教堂，位于建筑中心的中厅被三侧外立面包围，从100多年前的1882年开始建造至今，仍未完工。"诞生立面"是少数在建筑师高迪的有生之年内完工的部分，这一立面建有4座钟塔、3扇大门，整面都布满了精致的雕刻。中间的两座钟塔高107米，左右两侧各高98.4米，建造钟塔使用的砂岩产自市内的蒙特惠奇山采石场。

借助内部立柱的
力量，外墙的负担减
弱，由于无需承重，
外墙上便可随意开凿。
于是，洒落阳光的天
窗、美妙的玫瑰花窗、
绚丽的彩色花窗在墙
面上交相辉映，共同
营造出了这个梦幻的
内部空间。

圣家族大教堂的内部宛如阳光穿透叶缝照亮的一片白色森林。鳞次栉比的立柱上
刻有沟槽，仿佛来自希腊的神殿。柱子轻微地旋转着呈螺旋形向上延伸，到中
间位置后如同树木一般分开枝丫，一侧向内、一侧朝外微微倾斜，然后又再次分叉，末
端各自支撑着天花板。这种设计方法将建筑顶部的重量均匀地分散开来，不仅能将立柱
造得极为纤细，还能使内部空间显得更为优美、灵动。

11 世纪

12 世纪

13 世纪

14 世纪

15 世纪

16 世纪

17 世纪

18 世纪

19 世纪

20 世纪

21 世纪

邂逅阳光与书架，宽敞的圆形图书馆

斯德哥尔摩公共图书馆

小档案 DATA

所在地　瑞典／斯德哥尔摩
设计者　艾瑞克·冈纳·阿斯普朗德
样　式　新古典主义、现代主义
建　材　砖块

最初方案中设想的圆顶及玄关装饰柱等构造最终均未实现。如今，这座图书馆仅存的少量装饰元素，只剩下外墙上的欧洲各地知名建筑浮雕了。

斯德哥尔摩公共图书馆的中央阅览室呈圆柱形，被诸多箱型的房间围在正中。在这座建筑中，我们可以清晰地看到：重视中心对称的古典主义样式与初露现代主义端倪的近代样式和谐共存。中央阅览室宽敞而明亮，紧贴墙面放置着三层高的弧形书架，上方整齐地排列着竖长的窗户，让充足的光线照进室内。当来访者穿过建筑正面的入口大厅，爬上狭窄昏暗的楼梯，令他们眼前一亮的正是这阳光明媚的"书的海洋"。

西班牙

11 世纪

12 世纪

13 世纪

14 世纪

15 世纪

16 世纪

17 世纪

18 世纪

19 世纪

20 世纪

21 世纪

自由布置墙面的流通空间横空出世！

巴塞罗那德国馆

小档案 DATA

所在地	西班牙／巴塞罗那
设计者	密斯·凡·德·罗
样　式	现代主义
建　材	钢铁、玻璃、大理石、混凝土

德国馆作为近代建筑，虽然空间构成简洁明快，却由于使用了大理石、缟玛瑙石等昂贵石材，使得建造成本竟为普通建筑的十多倍。世博会结束后，由于与购买者未能达成一致协议而被无情拆除，于1986年得以重建。

29年的巴塞罗那世界博览会对德国而言，是在第一次世界大战之后展示本国近代化、民主化进程的绝佳机会。在此背景下，世博会德国馆（Barcelona Pavilion）应运而生。这座建筑被设计成了前所未有的流通空间，仅仅依靠钢柱支撑屋顶，而墙面则可以自由设置。此外，德国馆的建造也证明了：镀铬钢柱、大面积玻璃墙等近现代化工业产品也能同地面大理石等传统建材一样，打造出层次丰富的建筑空间。

■法国

承载所有近代建筑理念的住宅佳作

萨伏伊别墅

小档案 DATA
所在地　法国／巴黎近郊
设计者　勒·柯布西耶
样　式　现代主义
建　材　钢铁、玻璃、混凝土

细柱整齐排列的一楼中央，是半圆形平面结构、四周设有玻璃窗的玄关和卧室区域。半圆形的平面是根据汽车的最小转弯半径而设计的。由此可见，居住在郊外、开私家车出行是当时一种时髦的生活方式。

萨伏伊别墅并不是简单的住宅，它对20世纪的所有建筑影响重大，对建筑领域的意义犹如金字塔。这栋纯白色住宅展现了诸多全新的建筑设计理念，如架空底层令建筑腾空而起、将窗户连成一直线、设计了空中庭院，等等，彻底颠覆了以砖造、竖长窗、倾斜屋顶等作为设计准则的传统住宅样式。此外，室内还设计成经由斜坡而非楼梯上下，并大量使用玻璃墙力求与户外融为一体，透过大型落地窗，更是能将巴黎郊外的美丽山景尽收眼底。

璀璨依旧！纽约摩天楼之翘楚

克莱斯勒大厦

小档案 DATA

所在地　美国／纽约
设计者　威廉·凡·阿伦
样　式　装饰艺术风格
建　材　石材、不锈钢、铬

装饰艺术风格的主要模式为圆形、长方体等几何形状或之字形、流线型线条，偏好大量采用玻璃、金属等材料表现坚固的质感。在建筑领域，装饰艺术风格由于着重"美化外表"而受到追捧。

11世纪
12世纪
13世纪
14世纪
15世纪
16世纪
17世纪
18世纪
19世纪
20世纪
21世纪

进 入20世纪后，高楼大厦在建筑界中突然声势大振。尤其在经济高速发展的美国纽约，一幢幢摩天大楼拔地而起。克莱斯勒大厦高320米，外墙以银灰色瓷砖覆盖。它不仅是一座超高层建筑，还采用了当时最新潮的装饰艺术风格设计，装饰独特，令建筑师引以为豪。其最显著的特点表现在大厦楼顶，使用不锈钢材料打造出的形如太阳的七层顶冠，直冲云霄，熠熠生辉。

1936 年

🇺🇸 美国

> 瀑布从屋中奔流而下？融入风景的住宅

落水山庄

小档案 DATA
所在地　美国／匹兹堡郊外
设计者　弗兰克·劳埃德·赖特
样　式　现代主义
建　材　石灰岩、混凝土

从溪流的对岸仰望落水山庄，眼前的瀑布看起来好像是从建筑物的下方奔流而出。实际上，小溪是从屋旁流过，在露台下方转个直角后倾泻而下。从一层露台可以下到溪边，参观时不妨前去一探究竟。

落水山庄是一栋度假别墅，建于林间的小溪上。建筑利用了河岸边的巨大岩石来打造地基，建于上方的三层楼面则为建筑核心部分。从核心部分延伸出的"悬臂梁"底部向外挑出，凌驾于溪流之上。站在一、二层露台上时，仿佛整个人身处瀑布之端。室内面向露台的一侧设有玻璃门，另一侧则为内墙，前后朝向明确。落水山庄可谓是建筑师弗兰克·劳埃德·赖特住宅设计的代表作。

1951 年

美国 🇺🇸

11 世纪

12 世纪

13 世纪

14 世纪

15 世纪

16 世纪

17 世纪

18 世纪

19 世纪

20 世纪

21 世纪

户外室内融为一体的透明度假屋

范斯沃斯住宅

小档案 DATA

所在地 美国／普莱诺
设计者 密斯·凡·德·罗
样 式 现代主义
建 材 钢铁、玻璃

为了追求完美的施工质量，这栋建筑的工程费用远远超出预算。为此，密斯与委托人艾迪斯·范斯沃斯甚至对簿公堂。据说，范斯沃斯对一览无余的房间设计也颇有微词。

范斯沃斯住宅整体呈箱形，立有8根横截面为"H"形的钢柱，屋顶及地面直接焊接在钢柱上，并采用了玻璃墙的设计。由于四面都是玻璃，室内的通透感大大提升；钢柱建于室外，没有立柱的房间展现出了最自由的平面。由建筑师密斯·凡·德·罗率先提出的这种"匀质空间（Universal Space）"的理念，可以满足各种功能需求，对之后的高层办公楼等建筑也产生了深远的影响。

1955 年

■ 法国

现代技术与古朴自然的完美融合

朗香教堂

小档案 DATA

所在地　法国／朗香
设计者　勒·柯布西耶
样　式　现代主义
建　材　混凝土、石材、灰泥

教堂内部是神圣的光之世界。外墙上小小的窗洞，在内墙上如喇叭般扩展开，光线透过彩色玻璃照进室内，营造出神秘的氛围。建筑顶部与墙壁之间留有缝隙，同样方便采光。屋顶犹如一块巨大岩石，轻盈地悬浮空中。

朗 香教堂头戴一顶厚重的清水混凝土帽子，宛如一尊雕塑，迎接着每一位朝圣者的到来。白色的墙壁由石块堆砌而成，再以灰泥简单粉饰，外表古朴。建筑师勒·柯布西耶将现代的工业技术和建材与传统的建筑工艺相结合，创造出的这栋建筑好似从地底破土而出，如诗歌般优雅而美妙。屋顶的曲面线条独特，设计灵感来自海边捡到的蟹壳，建筑师最终选择了用混凝土来表现自然的造型。

美国 🇺🇸

麻省理工学院礼拜堂

小档案 DATA
所在地　美国／剑桥
设计者　埃罗·沙里宁
样　式　现代主义
建　材　砖块、混凝土

祭坛上方的雕塑由哈里·贝尔托亚亲自设计，通过将金属片穿在钢丝线上，赋予了光线真实的形状。这也要归功于善于和设计师及艺术家合作的建筑师埃罗·沙里宁。

(M) IT（麻省理工学院）礼拜堂建在校内，是直径约17米的圆柱形小教堂。其建筑特色在于室内中央靠里侧的一束光柱。光线从天窗照射进来，先是照耀在帘幕般的雕塑上，继而又温柔地落到祭坛上。教堂四周水池中的反射光，穿过建筑物下方两层墙面之间的缝隙投在砖墙上，看起来流光溢彩。这令人惊艳、变幻无穷的光影空间就隐藏在朴素的外表之下，静候着信徒们的到来。

11世纪
12世纪
13世纪
14世纪
15世纪
16世纪
17世纪
18世纪
19世纪
20世纪
21世纪

🇲🇽 墨西哥

民族艺术与近代建筑的融合震撼人心

墨西哥国立自治大学中央图书馆

小档案 DATA

所在地 墨西哥／墨西哥城
设计者 胡安·奥高曼等
样 式 现代主义、表现主义
建 材 砖块、混凝土

建筑上部立面的壁画总面积达 4000 平方米，有 1200 幅之多，其规模可谓世界之最。具体的做法是先将彩色石块拼贴到 1 米见方的混凝土板上，再将这些板拼合起来装饰在建筑的砖墙上。

墨西哥国立自治大学位于墨西哥城南部的科约阿坎地区，中央图书馆则是这座大学城的代表建筑。这栋能容纳 100 万册藏书的近代建筑由众多建筑师及画家联手打造。建筑师们在这片凹凸不平的土地上，规划了水平展开及垂直竖立这两类不同的建筑空间。垂直竖立的建筑内部为 10 层楼的借阅室，上方的主立面令人一见难忘。底部水平展开的建筑则为阅读区域，窗边采用了精美的缟玛瑙石装饰，散发出半透明的琥珀色光芒。

拼贴壁画的材料为天然石。提出这一
想法的胡安·奥高曼，为了寻找各色石材，
跑遍了整个墨西哥，终于采集到了红、黄、
紫、绿、白等多种不同颜色的天然石。壁画
完全未使用任何涂料，避免了因风雨或日晒
而褪色。

（20）世纪初的革命时期，壁画中描绘的民族传统历史与民间神话，对提升革命运动
的凝聚力起到了推波助澜的作用。自古以来，壁画就是墨西哥艺术文化中不可
或缺的一部分。再加上建造国立自治大学时，恰逢"以建筑弘扬文化"运动开始盛行，于
是便催生了这栋将民族主义绘画、雕塑与近代技术相结合的独特建筑。图书馆外墙的正
面描绘的是原住民时期及西班牙统治下的历史，背面为古代神话，东侧为科学，西侧则
是大学活动，主题多样，内容丰富。

1957 年

宛如超现实主义绘画！矗立于高速路旁的高塔群

卫星城塔

小档案 DATA
所在地 墨西哥／瑙卡尔潘
设计者 路易斯·巴拉甘
吉瑟斯·雷耶斯·费雷拉、
马萨斯·戈埃里兹
建 材 混凝土

混凝土高塔采用了烟囱的搭建方法。浇筑混凝土时，将宽约1米的模板自下而上层层叠起，于是便形成了塔身上的条纹，增加了质感。建筑外墙的颜色更换过多次，如今选用了红、白、蓝、黄四色，与首次竣工时颜色相同。

这 五座高塔矗立在高速公路的匝道口。每座塔的平面为大小各异的三角形，高度也参差不齐，从30—50米不等。根据观察角度及所站位置的不同，塔群的形状也大相径庭，有时感觉直刺云霄，有时看上去却好似一块平板。作为墨西哥城边新开发的卫星城地标建筑，这五座高塔甚至没有设置观景台，是真正的象征性建筑。此外，高塔的设计还受到了超现实主义画家乔治·德·基里科的影响。

美国 🇺🇸

建 筑 胜 过 展 品 的 螺 旋 形 美 术 馆

纽约古根海姆博物馆

11 世纪

12 世纪

13 世纪

14 世纪

15 世纪

16 世纪

17 世纪

18 世纪

19 世纪

20 世纪

21 世纪

小档案 DATA
所在地　美国／纽约
设计者　弗兰克·劳埃德·赖特
样　式　现代主义
建　材　混凝土

　　螺旋形展示区自上而下，由一
条不间断的斜坡相连。为了与地面
保持水平，所有作品均倾斜摆放，
令人感觉很不协调。从开馆之日至
今，纽约古根海姆博物馆一直饱受
艺术家等各界人士的议论。

这 座博物馆位于纽约中央公园旁，在开有天窗的挑高天花板下方，是呈螺旋形的
　　作品展示区。参观路线从顶层一圈圈绕到一楼，犹如置身于一个蜗牛壳中。参
观者在欣赏作品的同时，还能体验到这一动感空间带来的乐趣。不得不说，这座建筑本
身就是一件艺术品。此外，由于绘画作品在展出时总是倾斜摆放，因此"建筑胜于艺术
展品"的评价也不绝于耳。这也是博物馆一直以来饱受争议的原因所在。

◆ 巴西

身披洁白羽毛的玻璃宫殿

普拉纳尔托宫

小档案 DATA
所在地　巴西／巴西利亚
设计者　奥斯卡·尼迈耶
样　式　现代主义
建　材　混凝土

外立面上曲线优美的立柱群，充分展现了混凝土建材可自由塑形的魅力。建筑师尼迈耶曾经说过，这些立柱"犹如飘落到大地上的羽毛一般轻盈"，这绝非是夸大其词。

普拉纳尔托宫是世界上为数不多的新首都的总统府。这座建筑意义重大，它与国会议事堂、最高法院共同组成了首都的象征"三权广场"。白色混凝土制成的屋顶板覆盖在四方形主体建筑的上部，向四面延伸出的巨大屋檐可抵御阳光的直射。整栋建筑虽然体形庞大，却丝毫没有压迫感，这或许得归功于纤薄的屋顶、四周的玻璃墙以及排列在外立面上的薄板形立柱吧。

七彩花窗令人迷醉

考文垂大教堂

小档案 DATA
所在地　英国／考文垂
设计者　巴兹尔·斯宾思
样　式　现代主义
建　材　砂岩、混凝土、彩色玻璃、木材

东侧的墙面被设计成突出的人字形，有四个立面分别镶嵌着顶天立地的大型彩色花窗。其中，最大的一面花窗高约25米，由195块玻璃片拼贴成马赛克风格。放置在花窗下的洗礼盘就沐浴在这片绚丽的光彩之中。

（在）考文垂的市中心，比肩而立着新旧两座大教堂，一边是废墟，一边则是现代建筑。为了宣扬和平的来之不易，毁于德军炮火之下的旧教堂废墟被原封不动地保留了下来，一座全新的大教堂相邻而建。新教堂是一座现代主义建筑，细柱支撑起的中厅风格简约，这在建造当初还引发了不小的争议。教堂内部保存着诸多战后英国最具代表性的艺术家作品，以及大型的挂毯和大面积的彩色花窗等。

世界首创的悬索屋顶结构！

代代木国立综合体育馆

小档案 DATA

所在地　日本／东京
设计者　丹下健三
样　式　现代主义
建　材　混凝土、钢铁

　　直径120米的圆形体育馆内没有一根柱子，仅靠两根钢缆支撑起屋顶。同时，为了让馆内更加开阔，屋顶中央设有一个宽约18米的开口。这种悬索构造与悬桥原理不同，能够实现更为复杂的力量平衡。

外　　观线条流畅、内部宏伟壮丽的代代木国立综合体育馆，堪称日本近代建筑的代表之作。为了配合东京奥运会的开幕，这座建筑仅花了短短7个月的时间就建成了。体育馆采用了世界首创的悬索屋顶结构，先将粗大的钢缆固定在两根立柱之间，再吊起屋顶覆盖于顶部。此外，考虑到悬索屋顶自重较轻，易受风力影响，建筑师还在立柱与钢缆之间安装了油压减震器。尽管这种装置在如今的住宅设计中已经非常普遍，但在当时的建筑应用中还是史无前例的。

高楼群中的"玉米棒"，超高层公寓的先驱

马里纳城

小档案 DATA
所在地 美国／芝加哥
设计者 贝特朗·戈德堡
建　材 混凝土

建筑平面呈放射状，每位住户从中央的电梯出来后都可以直接入户。每户的房型均为扇形，最外侧建有弧形阳台，从而形成了该建筑独有的玉米棒形外观。

马里纳城矗立于市中心的河畔，是芝加哥高层建筑中的代表。大楼以公寓住宅为主，低层区域是商铺及办公楼等综合设施。61层的双子塔高约179米，在建造当时是世界最高的公共住宅楼。包括史蒂夫·麦奎因主演的《亡命大捕头》在内，多部电影曾在此取景。建筑内部为圆筒形，最中间是电梯，周围一圈分割成16个区域作为住宅。

1968 年

■ 墨西哥

色彩艳丽、结构抽象，为马而生的世外桃源

圣·克里斯特博马厩

小档案 DATA
所在地　墨西哥／墨西哥城
设计者　路易斯·巴拉甘
建　材　石材、灰泥

几何形墙体上规划了与马匹身高相符的开口与缝隙，质地粗糙，仿佛原本就生长于大地。墙面涂料均选用了墨西哥传统色彩，亮粉及鲜红色正是三角梅等当地花卉的颜色。

（粉）色与白色的围墙之内是一片碧水绿林，跑马场则点缀其间。这里位于墨西哥城近郊的高级住宅区内，是人类与马匹和谐共处的空间。在这里骑马，或为马匹洗个澡，可以尽情享受闲暇的时光。从入口开始就一步一景，若干面墙体之间点缀着喷泉、空地或马厩，又间或与其他高墙组成了变幻莫测的空间。在这静谧又抽象感十足的美景之中，只闻马蹄声与水声交错，仿佛置身于世外桃源。

校园中的"宇宙飞船"是座大型图书馆

盖泽尔图书馆

11世纪

12世纪

13世纪

14世纪

15世纪

16世纪

17世纪

18世纪

19世纪

20世纪

21世纪

‖‖ 小档案 DATA
‖‖ 所在地　美国／圣地亚哥
‖‖ 设计者　威廉·佩雷拉
‖‖ 建　材　混凝土

盖泽尔图书馆竣工后还进行了扩建。在设计规划时，校方提出绝不能对现有建筑进行改动。最终，建筑的地下部分被重新调整，新挖的采光井将现有建筑的三面包围其中。

(这) 座图书馆位于校园正中央，是加利福尼亚大学圣地亚哥分校的地标性建筑。它的建筑特色在于，将两层楼的四方形建筑作为台基，上方再搭底部面积各异的六层建筑。第二层到第四层楼的底部各比下层向外伸出6米，由呈45度斜角的巨大混凝土梁支撑。最高层距离地面约33米，主要为阅览室及收藏大型图书的书架。这栋图书馆乍一看，是不是有些像宇宙飞船呢？

🇺🇸 美国

光彩照人的弧形屋顶，名副其实的艺术空间

金贝尔美术馆

小档案 DATA

所在地　美国／沃思堡
设计者　路易斯·康
样　式　现代主义
建　材　混凝土、铜板、石灰华板

　　这座建筑的设计者路易斯·康，可以说是一位知名的大器晚成型建筑师。他在50岁左右时亲自设计了"耶鲁大学美术馆"，这也是他第一次在现代建筑史上崭露头角。而这座金贝尔美术馆竣工之时，他已是位70多岁高龄的老人了。

　　从金贝尔美术馆的外观上来看，是6栋山墙并排相连的细长型混凝土拱顶建筑。除了设有入口的正面，其余地方均采用石灰质石材（石灰华）作为墙面，营造出一种封闭感。与之形成鲜明对比的是室内部分的设计，顶部天窗中照射进来的自然光轻柔地散布到清水混凝土屋顶的曲面上，令整个空间显得明亮又柔和。此外，内饰及家具多采用木板制成，更增添了温馨的氛围。

11 世纪

12 世纪

13 世纪

14 世纪

15 世纪

16 世纪

17 世纪

18 世纪

19 世纪

20 世纪

21 世纪

翩然落于悉尼湾的重叠屋顶建筑

澳大利亚

悉 尼 歌 剧 院

小档案 D A T A
所在地　澳大利亚／悉尼
设计者　约恩·伍重、奥韦·阿鲁普
样　式　表现主义
建　材　混凝土、瓷砖

悉尼歌剧院极具特色的屋顶，采用了在弧面薄型混凝土板上拼贴箭翎状白色瓷砖的方法建成。其主要建材中还包括了"预制混凝土"，即预先在工厂中浇筑并组合完毕的混凝土构件。

这 座海边建筑是以国际设计竞赛中胜出的约恩·伍重方案为蓝本而建造的。他设计的歌剧院由两部分组成，台基部分的设计灵感源自玛雅文明的金字塔，屋顶群的构想则取自迎向海风鼓起的风帆形象。复杂的屋顶设计对建造技术提出了很高的要求，在结构工程师奥韦·阿鲁普等人的鼎力相助下，难题终于迎刃而解。于是，这座白色弧形屋顶连绵起伏的独特建筑便诞生了，而它也成为名副其实的澳大利亚标志性建筑。

1971-1977 年

■ 法国

这不就是工厂吗？一座在巴黎街头，暴露柱子和管道的前卫建筑

蓬皮杜中心

小档案 DATA
所在地　法国／巴黎
设计者　伦佐·皮亚诺、
　　　　理查德·罗杰斯
样　式　高技派
建　材　铸铁、玻璃

兴起于现代主义建筑样式之后的设计流派"高技派"，通常以建筑功能需求及技术合理性为基础，来决定建筑物的外形设计，向世人呈献了诸多极具机械美的建筑。蓬皮杜中心可谓是其中的代表之作。

作为建筑骨架的"结构"、表现于墙面等处的"外观"、空调和电梯等"设备"是建筑的三大要素，蓬皮杜中心的设计将这三大元素全都一一呈现在了世人眼前。最外侧的钢管框架结构支撑起了整座建筑，室内被玻璃墙面所包围，五彩的设备管道穿梭其间。当时，这座包含有现代美术馆及研究设施的建筑设计方案从国际竞赛中脱颖而出，但由于建筑本身太过另类，曾在巴黎市民间引发了一场不小的关于城市风貌的争论。

美国 🇺🇸

美国市中心惊现古罗马风景！

意大利广场

小档案 DATA
所在地　美国／新奥尔良
设计者　查尔斯·摩尔
样　式　后现代主义
建　材　混凝土

　　意大利广场建造当时，按计划周边还应配套建设办公楼、商店、餐厅等，打造成热闹的商圈。然而，实际开发却以失败告终，令这里一度无人问津。直到21世纪，相邻而建的四星级酒店出资对其进行了修缮。

　　<big>意</big>大利广场是为居住在新奥尔良市的意大利裔美国人群体而建造的。圆形广场的一半为喷泉，周围布置了立柱、神庙大门等各类装饰题材。所有装饰构件均模仿了多立克柱式及科林斯柱式等意大利古典建筑样式，采用钢铁、灰泥、大理石及不锈钢等建成。这座建筑以"后现代主义"设计理念为本，与摒弃装饰及历史的现代主义风格背道而驰。

玻璃与框架围成的大教堂，能容纳超过3000人

水晶大教堂

小档案 DATA
所在地　美国／加登格罗夫
设计者　菲利普·约翰逊
建　材　钢铁、反光玻璃

　　在美国，有很多办公楼的整体外观为镜面玻璃设计，因此乍一看，这座建筑并不像是大教堂。但是，由于理查德·诺伊特拉在教堂旁又建造了一座头顶十字架的教堂塔楼，因此这个问题似乎得到了解决。

　　⽔晶大教堂的建筑平面为长120余米、宽60余米的菱形，借助立体叠加的"空间框架"结构，成为顶高超过40米的超大型教堂建筑。建筑整体采用镜面玻璃覆盖，因此被称为"水晶大教堂"。其建筑特色在于内外的反差，即教堂外表如同镜面般映照出周围的风景，而内部空间则由于阳光的照射，通透明亮。

恣意汲取绿意与阳光的玻璃教堂

荆棘冠教堂

小档案 DATA

所在地	美国／尤里卡斯普林斯
设计者	尤因·费·琼斯
建 材	钢铁、玻璃、木材、石材

营造出绝美光影效果的细松木条，同时也是这座建筑的支撑结构。松木条从内侧对立柱产生牵引力，令这座高14米的竖高型教堂稳若磐石。此外，建筑基石则直接使用了这里的天然岩石。

12 世纪

13 世纪

14 世纪

16 世纪

17 世纪

18 世纪

19 世纪

20 世纪

21 世纪

这 座教堂坐落在森林中的小山坡上，是专为旅行者而设的。通往教堂的山路狭窄，容不下两人并行，因此建材只能选用易于搬运的细松木条、玻璃以及石块。教堂宽7米，深18米，通体均为玻璃墙面，顶部还设有天窗，将自然光与户外的绿意一并纳入室内，达成了内外的和谐统一。交叉搭建的木材特意涂上了与树干相同的灰绿色，地面采用石块铺就，与周围的天然岩石保持一致。

■ 孟加拉国

展示建筑家哲学的同心圆型政治空间

孟加拉国达卡国民议会厅

小档案 DATA

所在地　孟加拉国／达卡
设计者　路易斯·康
样　式　现代主义
建　材　砖块、混凝土、大理石

国民议会厅外表看似厚重，内部却意外地非常明亮。这是因为建筑师在屋顶及墙面上都设计了几何形状的开口，自然光就是从这里照进室内的。连接会议大厅及周围各个空间的楼梯通道处，甚至都无需使用人工照明。

在 建筑师路易斯·康的作品中，空间呈同心圆状分布的建筑并不在少数。这主要是缘自他惯用的建筑设计手法，即首先决定核心部分的最主要功能，然后在周围搭配次要功能，最后才赋予各部分形状及大小。位于达卡的国民议会厅也不例外。这座建筑采用了清水混凝土、砖块及大理石等建材，从平面上来看，会议大厅位居正中央，周围则由清真寺、食堂等各部分构成。

用现代工业产品展现古典主义样式的公寓楼

阿布拉克萨斯住宅区

11世纪

12世纪

13世纪

14世纪

15世纪

16世纪

17世纪

18世纪

19世纪

20世纪

21世纪

小档案 DATA

所在地　法国／巴黎
设计者　里卡多·波菲尔
样　式　后现代主义
建　材　混凝土

在欧洲，"收入再低也要保障生活安定"的理念可谓根深蒂固。因此，租金低廉的公有住宅不在少数。阿布拉克萨斯住宅区就是对住户有收入要求的公有住宅之一。

阿　布拉克萨斯住宅区是以古典主义建筑样式建造的现代公寓楼群。虽然这些高楼的建材只是在工厂中制造的廉价"预制混凝土"，但建筑师在立柱布局及装饰上的精心设计营造了一个令人难忘的空间。这片住宅区的每栋建筑都有名称，位于最中央的门型建筑被称为"拱门"，两边则分别矗立着敦实厚重的"宫殿"以及外墙呈弧形的"剧场"。科幻电影《妙想天开》曾在此取景。

自然质朴的可爱教堂

海滨牧场教堂

小档案 DATA
所在地 美国／海滨
设计者 詹姆斯·哈贝尔
样　式 本土风格
建　材 混凝土、柚木材、石材

线条如海浪般起伏的圆锥形屋顶造型奇特，这样设计是为了缓和迎面而来的海风影响。屋顶由小块杉木板层叠铺就，外墙仍采用了当地未经加工的岩石堆砌而成，令建筑与周围的自然环境和谐地融为一体。

座小教堂位于太平洋边的海滨度假区一角，静静伫立在草原与森林的交界处，由当地数位艺术家、工匠及建筑师合力建成。教堂内部的地面和墙面均采用了附近的岩石及木材作为建筑材料，看起来下半部分似乎深埋地下。再配上红衫木雕成的长凳及立柱，令室内与户外的大自然形成了和谐统一。天花板由灰泥制成，形似绽放的巨大花朵；三扇窗户上均镶有彩色玻璃。

大面积裸露建筑要素的高技派大楼

劳埃德大厦

小档案 DATA

所在地 英国／伦敦
设计者 理查德·罗杰斯
样　式 高技派
建　材 钢铁、玻璃、不锈钢

劳埃德大厦建造在一块不太方正的梯形用地上。由于主体建筑的平面为长方形，如此一来就会造成多处用地闲置。不过，建筑师在主楼外部设计了六栋设备塔楼，正好填补了这些空白。

这栋办公楼的敞开式中庭从建筑中部一直贯穿到楼顶，周围一圈则为办公区域。为了创造能自由规划的一整块室内空间，建筑师将电梯、水管等所有设备都布局在了建筑外侧。这样的设计不仅创造了灵活多变的内部空间，同时还令"结构、设备、功能"这三大建筑要素在各处一览无余，完美体现了建筑师理查德·罗杰斯"可读性建筑"的理念。

1981–1987 年

整面墙布满阿拉伯风格几何纹样的研究所

阿拉伯世界文化中心

小档案 DATA
所在地　法国／巴黎
设计者　让·努维尔
样　式　高技派
建　材　混凝土、石材、玻璃

建筑营造的视觉差异不止表现在外立面的设计手法上。这座大楼的西南侧外墙为长方形，看上去规整而凌厉；正对着塞纳河的东北侧立面，外形看起来犹如一叶扁舟，舒缓的弧度给人以柔和之感。

阿拉伯世界文化中心以研究和传播阿拉伯文化、加强西欧与阿拉伯世界之间的文化交流为宗旨，大楼中设有图书馆、资料中心、餐厅等各类配套设施。这座建筑的西南侧与东北侧外立面分别采用了不同的视觉设计手法，展示了阿拉伯与西欧之间的联系与对比。西南侧的外墙以阿拉伯建筑的装饰手法"雕刻窗（Mashrabiya）"为设计主题，并在窗边安装了光线调节装置；另一边的东北侧立面则采用全玻璃窗设计，映照出具有巴黎历史风貌的街景。

从室内望向窗户，光线调节装置散发着"圣光"的剪影令人印象深刻。其实，率先提出装置方案的并不是建筑师让·努维尔本人，而是一同参与设计工作的法国AS建筑工作室（Architecture-Studio）。

（形）似阿拉伯风格纹样的光线调节装置，其工作原理与相机光圈相同，主要利用中央孔洞的开合来调节采光量。建筑师将这一装置组装在了西南侧的玻璃幕墙内，通过电脑控制开合幅度，从而调节进入室内的光线量。为了与幕墙玻璃完美结合，装置的厚度仅为几厘米。若不走近它，便发现不了这精美设计以外的内涵。这样的建筑设计绝对可以称得上是对"窗"这一概念的颠覆了吧。

🇫🇷 法国

光彩照人的玻璃金字塔，与周边的宫殿建筑相抗衡

卢浮宫金字塔

小档案 DATA

所在地　法国／巴黎
设计者　贝聿铭
样　式　高技派、现代主义
建　材　玻璃、钢材、钢丝

玻璃金字塔呈正四棱锥形，边长约35米，高约20米。建筑师选用了去除蓝色后高透明度的菱形抛光玻璃，每块厚约2厘米，面积约为2.6米×1.6米，并将其固定在了由钢材及钢丝搭建而成的主体结构上。

经 过数个世纪的扩建和整修，卢浮宫融合了文艺复兴、巴洛克等多种建筑样式，成为巴黎的代表性建筑。之后，宫殿变身为美术馆，在20世纪的大规模改建工程中，又诞生了地下的入口大厅及地上的玻璃金字塔。这座玻璃建筑外形简约，与周边洋溢着法国古典主义之美的建筑群形成了鲜明的对比，是建筑大师贝聿铭的代表作之一。

瑞典 🇸🇪

住宿体验犹如冰雪女王！

冰酒店

12 世纪

13 世纪

14 世纪

16 世纪

17 世纪

18 世纪

19 世纪

20 世纪

21 世纪

小档案 DATA
所在地　瑞典／尤卡斯耶尔维
设计者　不详
建材　冰块

冰酒店在建造时使用了3万立方米的"snice"（一种冰与空气的混合物），这是一种将托纳河水与空气按照严格比例混合而成的独有建材。它比天然雪密度更大，能反射阳光起到隔热作用，延缓冰酒店内部的融化速度。

柱子、墙壁、地板、屋顶，这里仿佛冰与雪的世界。酒店的客房、酒吧、教堂等多栋建筑，也都只使用冰块及"snice"搭建而成。1989年以来，冰酒店只在每年冬天的一段时间中出现在位于北极圈的小镇里，到了春天便消融殆尽。这座酒店位于托纳河畔，河水清澈纯净，甚至可以直接饮用。当冬季来临，河水冰封时，人们便切割出冰块，建造起酒店。室内的家具当然也是冰制的，冰床上铺有驯鹿皮可以抵御严寒。

1994 年

这里是詹姆斯·邦德的根据地

MI6（军情六处）总部大楼

小档案 DATA
所在地　英国／伦敦
设计者　特利·法拉
样　式　后现代主义
建　材　混凝土

　　建筑的三大区域由空中花园及玻璃中庭相连。这座情报局总部大楼之前甚至遭受过导弹的袭击，因此建筑在安全性上的要求极为严苛。不仅大楼外部采用了防弹墙与三层玻璃窗，并且内部的装饰设计也均采用特殊的安全构造。

　　这里是英国秘密情报局MI6（军情六处，全称为英国陆军情报六局）的总部大楼，也被称为"泰晤士河畔的巴比伦要塞"。这座建筑因为《007》系列电影而被世人所熟知，外观犹如矗立于古代美索不达米亚平原上的一座城堡，已成为伦敦的地标。沿河岸而建的这栋九层建筑由高、中、低三大区域组成。低层区域主要为餐厅、酒吧、会议室及运动设施，中层以上则为情报局办公室。经典、对称的大楼外观，展示了后现代主义的建筑样式。

11 世纪

12 世纪

13 世纪

14 世纪

15 世纪

16 世纪

17 世纪

18 世纪

19 世纪

20 世纪

21 世纪

里约热内卢海边有UFO来袭？

尼泰罗伊当代艺术博物馆

小档案 DATA
所在地　巴西／尼泰罗伊
设计者　奥斯卡·尼迈耶
样　式　现代主义
建　材　混凝土、玻璃

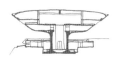

高16米、直径50米的"飞碟"仅靠一根直径9米的柱子支撑。其上放射状地伸出6根混凝土横梁，将一层楼面用作为桌面状的承重面。此外，为了展品运送电梯的畅通无阻，柱子被设计成了中空结构。

（任）谁都会觉得，这就像一艘迫降在悬崖边的宇宙飞碟。其实，这座碗形的圆形建筑是一座三层的当代美术馆。一层为管理办公室，其上一层为展示区域。二层楼的中央设有一个六边形的展厅，外侧一圈是镶有落地窗的观光大厅，能将瓜纳巴拉湾的美丽海景尽收眼底。这座美术馆尝试着在艺术与建筑之间建立了一种新的联系，建造当时更令艺术家也大吐苦水，"难道要让展品与风景一争高下吗？"

🏳 西班牙

身披闪耀银装、造型奇特的美术馆

毕尔巴鄂古根海姆博物馆

小档案 DATA

所在地　西班牙 / 毕尔巴鄂
设计者　弗兰克·盖里
样　式　解构主义
建　材　钢铁、钛金属、
　　　　石灰岩、玻璃

经常有人批评盖里设计的建筑只是徒有其表。不过也有不少人认为，这座博物馆的室内空间并非处处与建筑外形紧密相连，所以即使外形夸张，也并不妨碍其内部的功能完善。

为了令西班牙毕尔巴鄂这一港口城市更具活力，地方政府计划兴建一座美术馆，要求该馆必须兼备令人印象深刻的外观及富于变化的内部空间。建筑师弗兰克·盖里在设计竞赛中胜出，他方案中的这座建筑光芒耀眼，钛金属板外立面如波浪般起伏。奇特的造型设计更是需要先建立模型，再利用飞机设计软件等转换成立体数据，可谓是脱离了电脑就无法完成的设计之一。

国际贸易城市的经济支柱，金碧辉煌的银行大楼

迪拜国民银行

小档案 DATA
所在地　阿拉伯联合酋长国／迪拜
设计者　卡洛斯·奥托
样　式　后现代主义
建　材　混凝土、花岗岩、玻璃

11 世纪
12 世纪
13 世纪
14 世纪
15 世纪
16 世纪
17 世纪
18 世纪
19 世纪
20 世纪
21 世纪

能映照出周围风景的玻璃立面下方设有空隙，更有利于通风及透光。建筑主体为灰色花岗岩覆面，下部分开犹如站立的双脚。建筑师之所以采用这样的外形设计，是不希望这栋建筑阻断河流与河岸间的联系。

迪　拜河注入波斯湾的入海口处，高楼林立。其中，有一栋造型奇特，大弧度玻璃立面光芒耀眼的建筑就是迪拜国民银行。这栋高125米的大楼，借鉴了阿拉伯商人从古沿用至今的传统"独桅三角帆船（Dhow）"来进行外观设计，旨在向此乘风破浪之舟表达敬意。此外，这里也曾作为世界数一数二的黄金市场而声名鹊起，为了纪念这段历史，建筑选用了金色玻璃作为外立面装饰。

21 世纪 ———

■■■ 美国

宛如展开双翼、翩然落于密歇根湖畔的飞鸟

密尔沃基美术馆

小档案 DATA

所在地　美国／密尔沃基
设计者　圣地亚哥·卡拉特拉瓦
样　式　表现主义
建　材　混凝土、钢铁、
　　　　玻璃、不锈钢

外形如羽翼的构件还是一个活动式屋顶，可在3.5分钟内自动开合。当屋顶全部展开时，两侧宽度可达66米左右。这一屋顶的设计不仅向世人宣告了美术馆中心展厅的迁移，同时还能调节从玻璃屋顶照进入口大厅的光线量。

（宛）　如飞鸟双翼的这一建筑构件，是密尔沃基美术馆经扩建后的新馆入口。在当初进行工程设计时，馆方提出希望新增的部分既要与现有建筑保持关联，又具备能成为城市象征的纪念意义。于是，身为建筑师、工程师的圣地亚哥·卡拉特拉瓦设计了带有平缓拱顶的美术馆新馆，来呼应由混凝土打造、结构方正的旧馆。此外，他还采用了玻璃及不锈钢创造出了如雕塑般外形突出的新馆入口，与新展厅成直角分布，令扩建工程完美收官。

曲直对比鲜明的纯白教堂

罗马千禧教堂

12 世纪

13 世纪

14 世纪

16 世纪

17 世纪

18 世纪

19 世纪

20 世纪

小档案 DATA	
所在地	意大利 / 罗马
设计者	理查德·迈耶
建 材	混凝土、钢铁、
	玻璃、石灰华

弧面外墙的弧度近似半径约38米的球体表面部分，由高3米、宽2米、厚0.8米的成型混凝土板拼接而成，并以钢缆固定。此外，外墙还利用了化学手段进行清洁，以保持表面的白亮如新。

罗马千禧教堂是为了纪念耶稣降生2000年而建的，建筑的设计方案来自在竞赛中胜出的建筑师理查德·迈耶。迈耶以三面弧形外墙隐喻基督教的"三位一体"理论，其环绕出的空间主要用作进行礼拜和洗礼。三面墙体的缝隙间镶嵌了玻璃，从弧形透光口照射进来的阳光令室内光影变幻，一见难忘。这部分的建筑构件与教堂北侧外形方正的社区中心也形成了鲜明的对比。

🇺🇸美国

林立的异形建筑成为大学设施的标志

麻省理工学院史塔塔中心

小档案 DATA

所在地 美国／剑桥
设计者 弗兰克·盖里
样 式 解构主义
建 材 钢铁、混凝土、砖块、玻璃、不锈钢

架有顶棚的入口看起来似乎快要崩塌，一条复杂多变的主动线从这里开始贯穿了大楼的内部。建有自助餐厅等设施的地面通道为公共区域，而若要前往建筑上层的露台，则只有通过研究人员专用通道才能到达。

座建筑是为了迎合麻省理工学院计算机科学研究所及语言学院的需要而新建的一组多功能设施。在改建旧校区时，校方提出，新建筑必须能成为校园的象征，并需要注重动线的设计。建筑师弗兰克·盖里交出的答卷便是这样一组新颖奇特的楼群。他将传统的砖造大楼与造型复杂的不锈钢立面大楼组合在了一起，并一分为二，将中央的楼底"缝隙"设计为主要动线。

色彩缤纷的"波浪形"屋顶令人瞩目

圣卡特纳市场

小档案 DATA

所在地　西班牙／巴塞罗那
设计者　恩瑞克·米拉莱斯
建　材　钢铁、木材、瓷砖

波浪形屋顶的造型灵感源自改建前旧市场的悬山式三连屋顶。虽然在设计时经过了电脑的精确计算，但实际进行屋顶替换作业时，还是需要根据屋顶的曲面走势，动用人工切断建材后再度进行拼接搭建。

这一建筑的最大特色在于一直伸展到主街道上方的大型波浪屋顶。原本的旧圣卡特纳市场开业于19世纪中期，经过了屋顶翻新等一系列改造作业后，终于展现出了今日的风姿。市场的大型屋顶以三组钢筋拱结构为基础，拼接的木板作为辅助，顶部则由色彩缤纷的六边形瓷砖拼贴而成，色彩灵感来源于市场店铺中琳琅满目的蔬果等食材。立面一侧保留了旧市场原来的大门，另一侧则使用木材搭建出了极具手工感的新入口。

2005 _年

年

■ 西班牙

形形色色人群共同的享乐之居

米洛德住宅

小档案 **DATA**
所在地　西班牙／马德里
设计者　MVRDV建筑设计事务所
建　材　钢铁、玻璃、混凝土

　　这栋住宅中汇聚了形形色色的住户，他们的家庭结构不同，生活方式也不尽相同。因此，大楼上黑、白、灰三色墙面分别代表各种不同房型、不同面积的住宅单元。而鲜艳的红色则代表了公共通道，由连接各住宅单元的走廊、楼梯、大厅等组成。

　　（米）洛德住宅是一栋宛若积木拼搭而成的高层公寓楼。在马德里东北的新市镇中，围绕中庭而建的中层公寓是住宅建筑的主流，而米洛德公寓则试图创造一种更为开放的住宅空间结构。建筑师们将各种类型的住宅单元组合在一起并纵向层叠，同时在大楼的正中设计了一片离地高度为40米的空中观景台来取代中庭，并将其塑造成向住户开放的社区花园。从而，形形色色的人能够聚集于此，尽享眺望瓜达拉马山脉的乐趣。

市场与住宅合二为一！装点城市的新型空间

鹿特丹市集住宅

小档案 DATA

所在地 荷兰／鹿特丹
设计者 MVRDV建筑设计事务所
建材 钢铁、混凝土、玻璃

在市场外围的拱形建筑内，上方10层楼面均为住宅区域。其中，供出售的住宅单元有126套，其余102套为出租单元，面积从80—300平方米不等，提供了一种全新的城市住宅解决方案。从房间的窗户中，住户既可以欣赏到鹿特丹市内的风景，也可以观望市场的繁忙景象。

鹿特丹市集住宅位于城市中心，是将食品市场与住宅公寓合二为一的新型复合建筑。大楼中央挑高的拱廊呈马蹄形，高40米、宽71米、深114米，上半部布满了缤纷艳丽的壁画。拱廊中有近百家商铺，销售蔬菜、鲜肉、面包、鱼类及鲜花等，二楼还设有咖啡店露台。两侧的立面为巨型玻璃幕墙，大大提升了室内的通透感，照入的阳光令整个空间显得开放又明亮。此外，玻璃幕墙被设计成拉索网状结构，遇强风天气可轻微形变，以防损毁。

【巴洛克式】

反映了 17—18 世纪欧洲混沌的世界观，波及绘画、音乐等各大领域的一种综合艺术风格。在建筑领域具体表现为更多采用椭圆及曲线，通过金色或多彩的绚丽华美装饰，突破地面和天花板等格局的限制，创造出极富戏剧化、金碧辉煌的整体空间。

【拜占庭式】

拜占庭帝国时期的一种建筑样式，主要风靡于 4—12 世纪的现土耳其伊斯坦布尔地区。其主要特点表现为建有圆顶的大教堂、大理石及玻璃制成的精美马赛克拼贴画等。

【巴西利卡式教堂】

一种教堂样式，将长方形的内部空间用立柱划分为几块狭长区域，中间为中厅，左右两侧为侧廊，最深处则作为神职人员专用区域。由于这种教堂的外形源于古罗马时代被称为"巴西利卡"的公共建筑，因此便沿用了这一名称。

【佛塔】

供奉释迦牟尼舍利子等圣物的塔形建筑。

【扶壁】

也称扶拱垛，为防止高墙倒塌而垂直建于外壁上的一种起支撑作用的建筑构件。

【飞扶壁】

也称飞梁，即斜向架于扶壁上部与建筑外墙之间的拱券，常见于哥特式教堂等建筑中。利用飞扶壁，就能建造出更大面积的玫瑰花窗。

【哥特式】

其建筑特点为大量利用尖拱、肋架拱顶、飞扶壁等建筑构件，同时抬高天花板，营造令人感觉"高入天际"的光影空间。这种建筑样式以基督教的大教堂为代表，起源于 12 世纪中叶的法国，之后传播到了英国、德国等地区。

【后现代主义】

对提倡功能性及匀质空间的现代主义建筑持批判态度，偏好以多样性、地域性、象征性的手法，甚至趣味性的外观作为设计要素的建筑样式。

【尖拱】

架于立柱之上、横跨中厅等空间的尖形拱券，是哥特式建筑的特点之一。

【架空】

将地面建筑的整体或一部分仅用立柱支撑并抬高，令建筑底部形成开放空间的一种建筑形式。有时也可以指只有立柱的建筑构件或打通的空间。

【立面】

建筑的正面。

【肋架拱顶】

天花板上显现出线形构件（肋架券）的穹顶。哥特式教堂由于注重装饰，多采用复杂的肋架券结构。

【罗马式】

以中世纪的基督教教堂建筑为代表，是一种追求建筑本身永恒性、擅于营造内部空间神秘感的建筑样式。主要表现为墙面厚重、开口狭窄、建有穹顶的石造建筑，但根据各地的传统，又衍生出了各种不同的建筑构造及表现形式。

【穆克纳斯手法】

一种伊斯兰建筑装饰手法，选用灰泥、石材、砖块等材料进行加工后，形成立体重叠式装饰纹样。这种装饰通常覆于墙面或天花板上，形同钟乳石，呈现出繁复却异常精美的质感。

【穆德哈尔式】

伊比利亚半岛独有的建筑样式。将阿拉伯人统治下兴盛的伊斯兰风格与十字军东征后从法国流入的哥特式建筑特点融于一体，其特点表现为采用连续拱券、在墙面及天花板上进行大量装饰等。

【模度】

建造建筑时作为基准的基本尺寸。

【穹顶】

呈拱形的天花板及屋顶，或两个拱形垂直相交围成的穹形天花板及屋顶等。

【台基】

以石材或砖块等搭建的平台，位于神殿及寺庙建筑的底部。

【新艺术风格】

不拘泥于过去的艺术样式，旨在将全新的视觉化装饰运用于建筑等领域的一种艺术运动风格。在建筑应用上，多以植物及昆虫等作为主题，利用钢铁、玻璃、瓷砖等材料打造线条流畅、风格华丽的装饰。

【文艺复兴式】

旨在重现古代建筑的和谐均衡之美，将从数学及音乐中提炼出的"黄金比例"应用于建筑的一种样式。多采用简单、清晰的几何学原理，强调建筑的水平线与中轴线，推崇沉稳内敛的建筑设计。

【伊斯兰建筑】

从伊斯兰文化中衍生出的建筑形式，如清真寺、伊斯兰学校等。由抽象几何纹样构成的精美装饰为其一大特色。

【悬臂梁】

一端为固定支点，另一端不设支点、能自由移动的梁结构。

【圆顶】

建筑物上部的球面屋顶。

【宣礼塔】

播报伊斯兰教礼拜时间的高塔。多数清真寺都建有宣礼塔。

【现代主义】

对此前受样式及装饰性束缚的建筑持批判态度，提倡创造出具备功能性、合理性的建筑，是产生于20世纪的一股近代建筑思潮。

【翼楼】

从建筑物的主体部分延伸出的、如羽翼般突出在外的附属建筑。

【柱式】

柱基、柱身、柱头这三大立柱构成要素的特定组合样式，是古希腊神殿建筑的特征之一。古希腊的柱式有多立克式、爱奥尼式、科林斯式3种；之后的古罗马又新增了塔司干柱式及混合柱式，合计为5种经典柱式。

【中厅】

教堂中央向内侧延伸的大厅。

THE FAMOUS ARCHITECTURE IN THE WORLD FROM 5000 YEARS
AGO © SACHIE FUTAHASHI 2016
Originally published in Japan in 2016 by X-Knowledge Co., Ltd.
Chinese (in simplified character only) translation rights arranged with
X-Knowledge Co., Ltd.
Simplified Chinese edition copyright © 2018 Zhejiang Photographic Press
All rights reserved.
浙江摄影出版社拥有中文简体版专有出版权，盗版必究。

浙 江 省 版 权 局
著 作 权 合 同 登 记 章
图 字：11-2018-253 号

责任编辑 林味熹
责任校对 朱晓波
责任印制 朱圣学

图书在版编目（CIP）数据

世界绝美建筑／（日）二阶幸惠著；章绮雯译 . --
杭州 ：浙江摄影出版社，2018.8（2020.9 重印）
ISBN 978-7-5514-2166-9

Ⅰ . ①世… Ⅱ . ①二… ②章… Ⅲ . ①建筑艺术－介
绍－世界 Ⅳ . ① TU-861

中国版本图书馆 CIP 数据核字（2018）第 090955 号

SHIJIE JUEMEI JIANZHU

世界绝美建筑

[日] 二阶幸惠 著
　　　章绮雯 译

[日] 中川武 修订

全国百佳图书出版单位
浙江摄影出版社出版发行
　　地址：杭州市体育场路 347 号
　　邮编：310006
　　电话：0571-85151082
　　网址：www.photo.zjcb.com
制版：杭州真凯文化艺术有限公司
印刷：三河市兴国印务有限公司
开本：710 mm × 1000 mm 1/16
印张：11.75
2018 年 8 月第 1 版　2020 年 9 月第 2 次印刷
ISBN 978-7-5514-2166-9
定价：58.00 元